Königlich Preussisches Meteorologisches Institut.

Das Meteorologische Observatorium auf dem Brocken.

Zur Feier der Einweihung

am

31. Mai 1896.

Springer-Verlag Berlin Heidelberg GmbH

ISBN 978-3-662-23941-4   ISBN 978-3-662-26053-1 (eBook)
DOI 10.1007/978-3-662-26053-1

METEOROLOGISCHES OBSERVATORIUM AUF DEM BROCKEN.

Von Nordwesten gesehen.

Einleitung.

Die vorliegende Schrift soll eine kleine Festgabe bilden für die Theilnehmer an der auf Sonntag, den 31. Mai 1896 anberaumten Einweihungsfeier des auf dem Brocken neu erbauten Observatoriums.

Ursprünglich ging der Wunsch der Nächstbetheiligten freilich dahin, diese Feier, bei welcher sie allen, die sich um die Errichtung dieser Warte Verdienste erworben hatten, den wärmsten Dank ausdrücken wollen, gleich nach Vollendung des Baues, also im Herbst 1895 abzuhalten.

Die weit vorgeschrittene Jahreszeit machte die Ausführung dieses Gedankens jedoch unmöglich, und so kann das Observatorium am Tage der Einweihung bereits auf eine mehr als halbjährige Thätigkeit zurückblicken.

Dementsprechend glaubt der Unterzeichnete, die zu dieser Feier Versammelten nicht würdiger begrüssen zu können, als durch die Ueberreichung einer kleinen Abhandlung, welche besonders interessante, an der neuen Station angestellte Beobachtungen zum Gegenstande hat.

Zugleich aber erscheint es passend, einige Worte über die Vorgeschichte der Errichtung des Observatoriums vorauszuschicken.

Es würde zu weit führen, wollte man hier darauf eingehen, die weittragende Bedeutung zu schildern, welche die Beobachtungen der Hochstationen für die Entwickelung der neueren Witterungskunde gewonnen haben, und kann umsomehr hiervon abgesehen werden, als in den einleitenden Worten der Abhandlung selbst einige der wichtigsten Punkte ohnehin zur Erörterung kommen mussten.

Dagegen darf nicht unerwähnt bleiben, dass Deutschland in der Betheiligung an der Errichtung solcher Stationen hinter anderen Ländern zurückgeblieben ist; und eben deshalb ist es doppelt freudig zu begrüssen, dass der von den Männern der Wissenschaft schon längst gehegte Wunsch, den Brocken mit einer solchen Warte gekrönt zu sehen, endlich seine Verwirklichung gefunden hat.

Denn wenn der Brocken sich auch hinsichtlich seiner Höhe nicht entfernt mit den Alpengipfeln messen kann, die solche Stationen besitzen, so sichert ihm seine eigenartige, weit nach dem Tiefland vorgeschobene Lage andererseits ganz besonderes Interesse.

Der Brocken liegt unter 51° 48' nördlicher Breite und 10° 37' östlicher Länge von Greenwich; sein höchster physischer Punkt erhebt sich auf 1141,2 m über Normal-Null. Seit dem Jahre 1836 wurden auf demselben meteorologische Beobachtungen angestellt, und zwar bis 1850 von dem Administrator des Brockenhauses Nehse, von 1853 bis 1859, sowie 1866 bis 1867 von dem Brockenwirth Köhler. Die ersten Aufzeichnungen erfolgten auf Veranlassung von Prof. Lachmann aus Braunschweig, hierauf, und zwar seit dem December 1847 im Auftrage des Königlichen Meteorologischen Instituts in Berlin. Die Beobachtungsstunden waren 6 Uhr morgens, 2 Uhr nachmittags und 10 Uhr abends. Nach längerer Pause wurde im Herbst des Jahres 1881 seitens des Meteorologischen Instituts der Versuch gemacht, während des Sommers durch die amtirenden Postgehülfen, sowie im Winter durch einen Oberkellner die Beobachtungen wieder aufnehmen zu lassen; derselbe musste jedoch nach wiederholten, durch Herrn Dr. Hellmann zu diesem Zwecke ausgeführten Instruktionsreisen schon im Herbst 1882 als aussichtslos aufgegeben werden.

Hierauf unternahm es der damalige Vorsteher der Wetterwarte in Magdeburg, Dr. Assmann, mit Hülfe des „Magdeburger Brockenclubs", welcher aus eigenen Mitteln neue Instrumente, darunter auch die ersten Registrir-Apparate beschaffte, die Beobachtungen wieder in den Gang zu bringen. Als auch dieser Versuch nach jahrelangen, bis zum December 1886 fortgesetzten Bemühungen fehlschlug, ging die Station abermals ein.

Seit der Reorganisation des Königlichen Meteorologischen Institutes im Jahre 1885 war man in demselben eifrigst bestrebt, die Wiederaufnahme der Beobachtungen auf dem Brocken zu veranlassen. Mannichfache Schwierigkeiten verhinderten jedoch die Erreichung dieses Zieles, bis seitens der Sektionen des Deutschen und Oesterreichischen Alpenvereines in Hannover und Braunschweig, welchen sich später auch die Sektion Magdeburg anschloss, die Errichtung eines eigentlichen, wenn auch nur kleinen Observatoriums in Anregung und damit die ganze Angelegenheit neu in Fluss gebracht wurde.

Zahlreiche Verhandlungen, welche zwischen den Präsidenten der genannten Sektionen, den Herren Professor Dr. Arnold in Hannover, Oberpostsekretär Schucht in Braunschweig und Ober-Regierungsrath Rocholl in Magdeburg und dem Direktor des Meteorologischen Instituts, sowie mit der Fürstlich Wernigerodeschen Kammer gepflogen wurden, führten endlich Dank der thatkräftigen Förderung durch Seine Excellenz den Herrn Kultusminister D. Dr. Bosse, dessen Decernent Herr Geheimer Ober-Regierungsrath Dr. Althoff die Angelegenheit warm vertrat, zu einem abschliessenden Ergebniss.

Der bereits vor längerer Zeit von Herrn Baurath Pfeifer in Braunschweig entworfene und nach den von dem Assistenten des Instituts Herrn Dr. Süring im Winter 1893/94 auf dem Brocken gesammelten Erfahrungen als zweckmässig erachtete Plan zum Bau eines kleinen Observatoriums wurde gutgeheissen, und Seine Durchlaucht der Fürst zu Stolberg-Wernigerode erklärte sich bereit, denselben auf seinem Grund und Boden und auf eigene Rechnung gegen eine bestimmte Anzahlung ausführen zu lassen.

Für die letztere waren schon Mittel vorhanden, da die genannten Alpenvereinssektionen bereits 2000 Mark für diesen Zweck gesammelt hatten, während die Herzoglich Braunschweigische Regierung auf die lebhafte Verwendung des Herrn Geheimen Kammerrath Horn 1500 Mark zuschoss, zu denen, abgesehen von der Einrichtung mit Instrumenten und Möbeln, noch 500 Mark aus Fonds des Königlich Preussischen Meteorologischen Instituts zugefügt wurden.

Das Gebäude ist von dem Institut auf 20 Jahre gemiethet und wird der Rest der sich im Ganzen auf 9000 Mark belaufenden Bausumme durch entsprechende Miethszahlung verzinst.

Als Beobachter wurde der schon früher für das Meteorologische Institut thätige Ludwig Koch aus Duderstadt angenommen, welcher nach einer vorgängigen Unterweisung im Post- und Telegraphendienste, sowie nach sorgfältiger Einübung in der Ausführung der meteorologischen Beobachtungen seit dem 1. Oktober 1895 seinen Posten angetreten hat.

Seit diesem Tage ist die längst schmerzlich empfundene Lücke in dem Netze der norddeutschen meteorologischen Stationen ausgefüllt, und wir dürfen uns der Hoffnung hingeben, dass die Beobachtungen, die das neue Observatorium liefert, reiche Früchte tragen werden. Sie werden nicht nur eine Fortsetzung und Ergänzung der älteren Aufzeichnungen bilden, deren Hauptergebnisse man am Schlusse dieses Schriftchens zusammengestellt findet, sondern auch Dank den vervollkommneten Hülfsmitteln und den inzwischen neu gewonnenen Gesichtspunkten für die Verarbeitung sicherlich nicht unwesentlich dazu beitragen, unsere Kenntniss von den Vorgängen der Atmosphäre zu vermehren und sie nach den verschiedensten Richtungen hin nutzbar zu machen.

W. v. Bezold.

Die
Temperatur-Umkehrung auf dem Brocken
am
3. und 4. Februar 1896.

Von

Richard Assmann.

Wenn man in der älteren Meteorologie von den Bewegungen im Luftmeere sprach, so dachte man hierbei gewöhnlich nur an die im horizontalen Sinne verlaufenden, an die Winde, die über die Erdoberfläche hinwegstreichen, oder sich in den höheren Schichten aus dem Wolkenzuge unmittelbar erkennen lassen.

Den auf- und absteigenden Strömen, die sich wegen der ihnen eigenen geringen Geschwindigkeit dem Gefühle vollkommen entziehen, und sich auch durch Instrumente nur schwer nachweisen lassen, schenkte man keine oder nur eine ganz beiläufige Aufmerksamkeit.

Erst der neueren Forschung war es vorbehalten, nachzuweisen, welche einschneidende Bedeutung gerade diesen im vertikalen Sinne verlaufenden Strömungen zukommt, und wie sie es im Wesentlichen sind, welche die Witterungserscheinungen bedingen.

Während man früher glaubte, dass die Bildung von Wolken und Niederschlägen durch die Mischung verschieden warmer und verschieden feuchter Luft bewirkt werde, so wissen wir heute, dass alle einigermassen nennenswerthen Niederschläge nur dem Aufsteigen der Luft ihre Entstehung verdanken, und dass das Absteigen sofortiges Auflösen der Wolken und damit heiteres Wetter im Gefolge hat. Und wenn man bald nach dem Entwerfen der ersten Wetterkarten, also um die Mitte der fünfziger Jahre unseres Jahrhunderts erkannte, dass die Gebiete niedrigen Luftdruckes, die sogenannten Depressionen oder barometrischen Minima, die Träger trüben, niederschlagsreichen Wetters sind, die Hochdruckgebiete oder barometrischen Maxima aber solche heiteren Himmels, so ist dies nur darauf zurückzuführen, dass über den ersteren die Luft aufsteigt, über den letzteren herabsinkt.

Zur Erforschung und Erklärung dieser Erscheinungen bedurfte es aber wesentlich anderer Hülfsmittel, als sie früher in der Meteorologie üblich waren. Hier versagte die alte statistische Methode und es war nöthig, die Gesetze der Physik, insbesondere jene der um die Mitte des Jahrhunderts begründeten mechanischen Wärmetheorie, auf die atmosphärischen Vorgänge anzuwenden. Im engen Zusammenhange damit erwuchs aber auch die Forderung der Ausdehnung des Beobachtungsnetzes im senkrechten Sinne.

Sowie man einmal erkannt hatte, dass man in auf- und absteigenden Strömen den Schlüssel zur Erklärung der wichtigsten Erscheinungen zu suchen habe, stellte es sich als unerlässlich heraus, diese Ströme auf ihrem Wege zu begleiten, d. h. Beobachtungsstationen in verschiedenen Höhen anzulegen. So kommt es, dass wir heut zu Tage von den Beobachtungen auf Bergen und im Luftballon die Lösung der wichtigsten Fragen erwarten, die man in der Witterungskunde stellen kann.

Es muss als ein besonders günstiger Zufall betrachtet werden, dass die Brockenstation schon im ersten Halbjahre ihres Bestehens einen werthvollen Beitrag nach dieser Richtung liefern konnte und soll es deshalb versucht werden, die Beobachtungen vom 3. und 4. Februar unter diesen Gesichtspunkten genauer zu besprechen.

Zu dem Zwecke ist es aber vor Allem erforderlich, sich über die Vorgänge Rechenschaft zu geben, welche sich beim Auf- oder Absteigen der Luft abspielen.

Die Thatsache, dass die Luft der Quecksilbersäule im Barometer das Gleichgewicht hält, lehrt uns, dass die oberhalb einer bestimmten Fläche befindliche Luftsäule einen Druck auf diese Fläche ausübt. Dieser Druck beträgt am Grunde des Luftmeeres, d. h. im Meeresspiegel, ungefähr 1 Kilogramm pro Quadratcentimeter, d. h. die über einem Quadratcentimeter befindliche Luftsäule wiegt dort im Durchschnitt ungefähr 1 Kilogramm, natürlich abgesehen von den fortgesetzten Schwankungen, die sich eben durch das Barometer verrathen.

Die oberhalb eines Berges befindliche Luftsäule ist nicht mehr so hoch, als die auf dem Meeresspiegel lastende. Sie hat dementsprechend ein kleineres Gewicht, der Luftdruck ist mithin auf dem Berge ein geringerer als unten, das Barometer steht auf dem Berge tiefer als im Thal.

Steigt nun eine Luftmasse aus irgend einem Grunde in die Höhe, so kommt sie aus einer Gegend höheren Druckes in eine solche niedrigeren Druckes. Es verhält sich demnach in diesem Falle ebenso, als wenn man einen mit Luft gefüllten senkrecht stehenden Cylinder durch einen genau hineinpassenden Kolben abgeschlossen hätte und diesen Kolben zuerst mit einer bestimmten Anzahl von Gewichten belastet, die man allmählich wegnimmt. In diesem Falle wird sich die Luft ausdehnen, sie wird den Kolben vor sich her schieben, ganz ebenso wie der Dampf den Kolben einer Dampfmaschine vor sich herschiebt.

Dieses Heben des belasteten Kolbens ist eine Arbeitsleistung, welche nicht ohne irgend einen Aufwand vor sich gehen kann. In diesem Falle geschieht die Arbeit auf Kosten der in der Luft oder in dem Gase enthaltenen Wärme, die eingeschlossene Luft kühlt sich in Folge ihrer Ausdehnung ab. Diese Abkühlung kann je nach der Arbeitsleistung sehr beträchtlich werden, sie ist z. B. bei den mit Druckluft arbeitenden Maschinen häufig eine so starke, dass sich der in der Luft enthaltene Wasserdampf in Eis verwandelt und so die Oeffnungen, aus denen die gepresste Luft schliesslich wieder austreten muss, durch Eis verstopft werden.

Ganz ähnlich verhält es sich auch mit einer Luftmasse, die in der Atmosphäre in die Höhe steigt. Da sie oben geringeren Druck vorfindet, dehnt sie sich aus, schiebt dabei den auf ihr lastenden Druck vor sich her und kühlt sich ab.

Wird bei diesem Vorgange weder Wärme zugeführt, noch entzogen, so beträgt die Abkühlung für je 100 Meter Erhebung ungefähr 1 Grad des hunderttheiligen Thermometers, vorausgesetzt, das der der Luft im Allgemeinen beigemengte Wasserdampf noch in Gasform vorhanden ist. Dies ist jedoch nur der Fall, so lange die Abkühlung eine von der Dampfmenge abhängige Grenze, die sogenannte Sättigungsgrenze nicht überschritten hat.

Ist letzteres der Fall, so scheidet sich das Wasser in Form von Niederschlägen aus, die Abkühlung aber wird für eine bestimmte Erhebung beträchtlich geringer, so dass sie vom Beginn der Wolkenbildung an nur mehr ungefähr $1/2$ Grad auf 100 Meter beträgt.

Ganz entgegengesetzt verhält es sich beim Absteigen einer Luftmasse. In diesem Falle gelangt sie von Orten niedrigeren Druckes zu solchen höheren Druckes. Der Raum, den eine bestimmte Menge derselben, z. B. 1 Kilogramm einnimmt, muss demnach kleiner werden, sie wird zusammengedrückt, komprimirt. Während sie sich vorhin bei der Ausdehnung abkühlte, so wird sie sich nun erwärmen.

Diese Erwärmung der Luft durch Kompression ist längst bekannt und man benutzte sie sogar früher in dem sogenannten „pneumatischen Feuerzeug", um ein Stückchen Schwamm zum Glimmen zu bringen. Dieser Schwamm befand sich an einem kleinen Kolben, den man mit grosser Gewalt in ein durch diesen Kolben abgeschlossenes Röhrchen hineinstiess und damit die in dem Röhrchen enthaltene Luft zusammendrückte. Die hierbei entwickelte Wärme genügte, um einen sehr trockenen Schwamm zu entzünden.

In ähnlicher Weise erwärmt sich die niedersinkende Luft in Folge der Kompression und zwar beträgt alsdann die Erwärmung wiederum ungefähr 1 Grad für je 100 Meter Absteigens.

Hierbei müssen alle etwa noch vom Aufsteigen her vorhandenen Wolkenreste sofort zur Auflösung kommen. Da sich nämlich in der Wolke im Allgemeinen nur soviel Wasser befinden kann, als gerade zur Sättigung nöthig ist, und jeder Ueberschuss sofort als Niederschlag herausfallen muss, so genügt auch die geringste Erwärmung, um den noch vorhandenen Rest zur Auflösung zu bringen.

Dem entsprechend herrscht auch in den Gebieten absteigenden Stromes heiteres Wetter, wie dies ja auch von den Wetterkarten her längst bekannt ist.

Auch die Thatsache, dass die Temperatur auf Bergen und in den höheren Schichten der Atmosphäre im Allgemeinen niedriger ist als in der

Tiefe, erklärt sich zum grossen Theile aus dem Spiele der auf- und absteigenden Ströme.

Freilich gelten die hier angestellten Betrachtungen streng genommen nur unter der Voraussetzung, dass während dieser Vorgänge weder Wärme zugeführt, noch entzogen wird, eine Voraussetzung, die meist nicht ganz zutreffen wird. Aber gerade deshalb sind die Beobachtungen auf Bergen oder im Luftballon so ausserordentlich werthvoll, weil man aus der Abweichung zwischen den thatsächlich beobachteten und den unter den vereinfachenden Voraussetzungen berechneten Werthen die nebenher gehenden Einflüsse ermitteln kann und dadurch erst den richtigen Einblick in die Vorgänge erhält.

So leicht sich nun auch aus diesen Betrachtungen die Eigenthümlichkeiten der Witterung in den barometrischen Depressionen und in den Hochdruckgebieten erklären lassen, so blieb doch noch lange eine Schwierigkeit übrig, die an der Richtigkeit der ganzen Betrachtung Zweifel erregen konnte.

Nach dem eben Entwickelten musste man nämlich erwarten, dass es am Grunde eines barometrischen Hochdruckgebietes, d. i. im Gebiete absteigenden Stromes, jederzeit warm sei, während es andererseits allgemein bekannte Thatsache ist, dass es im Winter gerade bei hohem Barometerstande und bei heiterem Himmel am allerkältesten ist.

Wie lässt sich dieser Widerspruch beseitigen? Die Beobachtungen auf Bergen und im Luftballon haben die Lösung gebracht.

Der Widerspruch ist nur scheinbar. Die Kälte im winterlichen Hochdruckgebiete beschränkt sich nämlich auf die allerunterste Luftschicht und es bedarf nur geringer Erhebung über die Erdoberfläche, um in Schichten zu kommen, in welchen die Temperatur genau den theoretischen Voraussetzungen entspricht.

Wenn bei ruhigem und bereits in mässiger Höhe klarem Winterwetter — ganz in der Tiefe liegt dann oft Nebel — unten am Erdboden alles vor Frost starrt, dann ist es auf Bergen und auch in der freien Atmosphäre oft bis zu beträchtlichen Höhen hinauf viel wärmer, als unten und dann hat man jene Erscheinungen, welche man mit dem Namen der „Temperaturumkehr" bezeichnet. Der Grund ist leicht verständlich: oberhalb der Erdoberfläche zeigt die Luft jene Erwärmung, wie sie die nothwendige Folge des Absteigens ist, an der Erdoberfläche selbst aber überwiegt die durch keine Wolkendecke behinderte Ausstrahlung gegen den kalten Weltraum.

Ebenso, wie sich der Erdboden unter dem Einfluss der Sonnenstrahlen weit stärker erwärmt als die durchsichtige Luft, so kühlt er sich auch durch Ausstrahlung während der Nacht, oder bei niedrigem Sonnenstande viel stärker ab. Diese Abkühlung überträgt sich alsdann auf die nächstliegenden Luftmassen, die dadurch zugleich schwerer werden und deshalb besonders in Thälern oder in Mulden liegen bleiben und so zu den Erscheinungen des Frostes Anlass geben.

Nach dem eben Gesagten versteht man leicht, wie wichtig die genaue Untersuchung solcher Temperaturumkehrungen als Prüfstein für die Theorie ist.

In besonders lehrreicher Weise ist diese Erscheinung in den Tagen des 3. und 4. Februar 1896 auf dem Brocken aufgetreten und eben deshalb sollen die damals ausgeführten Beobachtungen hier einer genaueren Besprechung unterzogen werden.

Der Beobachter des Brocken-Observatoriums, Ludwig Koch, meldete vom 3. Februar 1896, dass am Abend, als der Nordwind bei -6^0 nach Ost drehte, die Temperatur zu steigen begonnen habe und bis 9 Uhr auf $+0{,}5^0$ angelangt sei. Nun sei sie während der Nacht trotz völlig heiteren Himmels weiter gestiegen und habe am Dienstag, den 4. Februar morgens, den auffallend hohen Werth von $+6^0$ erreicht. Dabei sei der bis dahin die Ebene verhüllende Nebel fast gänzlich verschwunden, sodass eine aussergewöhnlich schöne Fernsicht eingetreten sei, welche das Kyffhäuser-Denkmal, den ganzen Thüringerwald, die Wesergebirge und zahlreiche weit entfernte Städte der Niederung in ungewöhnlicher Klarheit zu sehen gestattet habe. Am 5. Februar herrschte morgens bei $-7{,}2^0$ wieder dichter Nebel mit stürmischem Nordwestwinde.*)

Gleichzeitig lief von dem Forsthause Plessenburg, bei Ilsenburg a. H. in etwa 530 m Höhe gelegen, seitens des Fürstlichen Försters Seifert ein Bericht ein, nach welchem am Abend des 4. Februar um 7 Uhr eine Temperatur von -1^0, um 10 Uhr aber eine solche von $+8^0$ bei sternhellem Himmel beobachtet wurde.*)

Noch auffallender müssen diese für die Jahreszeit, Anfang Februar, und besonders für die Tageszeit, 9 Uhr abends und 7 Uhr morgens, an sich schon höchst ungewöhnlichen Temperaturverhältnisse erscheinen, wenn man einen Blick auf die seitens der Deutschen Seewarte herausgegebene Wetterkarte vom 4. Februar wirft. Hier bemerkt man, dass eine Temperatur von $+6^0$ selbst um 8 Uhr morgens nur in Irland und an der norwegischen Küste, ferner in Spanien und an der Riviera, sowie in Unteritalien herrschte, während ganz Central- und Osteuropa leichtes Frostwetter hatte, im Nordosten des Erdtheiles aber Temperaturen von -13^0 vorkamen. Der Brocken war demnach an jenem Morgen thatsächlich der wärmste Ort auf einem Gebiete, welches durch eine von Rom nach Madrid, von dort nach Dublin und Christiansund gezogene Linie umgrenzt wird.

Noch vor wenigen Jahrzehnten, als man die ausserordentliche Wärme und Trockenheit des Föhnwindes der nördlichen Alpenthäler nicht anders erklären konnte als dadurch, dass man denselben als einen der Sahara entstammenden, trotz des Weges über das mittelländische Meer seine Trockenheit bewahrenden Wüstenwind betrachtete, würde man ohne Zweifel keinen Anstand genommen haben, die abnorm hohe Temperatur im vorliegenden Falle auf ähnliche Gründe zurückzuführen.

Die in der Einleitung erwähnte Anwendung der Gesetze der mechanischen Wärmetheorie gestattet uns aber, den Ort, von welchem die unge-

---

*) Vergleiche: „Das Wetter" 13. 4. p. 94.

wöhnlich warme Luft herkommt, in weit grösserer Nähe zu suchen, nämlich in einer nur wenig mehr als 1000 m über dem Brocken befindlichen und von dort relativ schnell abwärts bewegten Luftschicht, welche bei ihrem Niedersinken auf je 100 m Höhenabnahme in Folge von Kompression durch die oberen Luftschichten beträchtlich, vielleicht sogar um 1^0 C. erwärmt wurde.

Wir haben deshalb, um die Stichhaltigkeit dieser Erklärung darzulegen, vor allem die Richtigkeit der Voraussetzung zu beweisen, nach welcher ein Niedersinken von Luftmassen thatsächlich stattgefunden hat.

Die Bewegungen der Luft in vertikaler Richtung sind, wie wir oben sahen, als abhängig erkannt worden von der Vertheilung des Luftdruckes: über Gebieten, welche einen geringeren Luftdruck aufweisen als ihre Umgebung, findet im allgemeinen eine aufwärtsgehende Luftbewegung statt, während Gebiete höchsten Luftdruckes mit abwärts gerichteten Strömungen verbunden sind.

Zur Untersuchung des vorliegenden Falles in Bezug auf die Luftvertheilung dienen die nachfolgenden Kärtchen, welche in üblicher Weise Linien gleichen Barometerstandes, Isobaren, ausserdem noch Angaben über Richtung und Stärke des Windes, sowie über die Bewölkung enthalten.

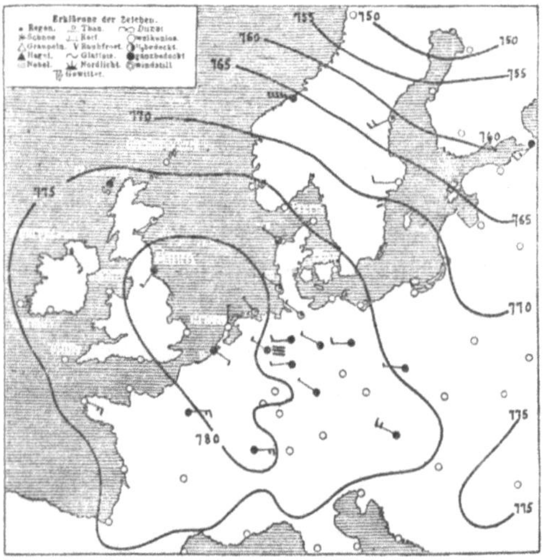

Figur 1.

3. Februar 1896. 8 a.

Figur 1 giebt Aufschluss über die allgemeine Wetterlage vor dem Eintreten der aussergewöhnlichen Temperatur-Erhöhung auf dem Brockengipfel. Es zeigt sich, dass ein ausgedehntes Gebiet hohen Luftdruckes mit Barometerständen von mehr als 775 mm Höhe ganz Central- und Westeuropa überdeckt und dass innerhalb desselben ein an seiner Ostgrenze unregelmässig begrenztes barometrisches Maximum vorhanden ist, in welchem der Luftdruck den aussergewöhnlich hohen Werth von 780 mm überschreitet. Nach Nordost zu nimmt der Luftdruck am stärksten ab, wie die über Skandinavien und der Ostsee sich drängenden Isobaren zeigen; ein barometrisches Minimum befindet sich über Finmarken.

Die eingezeichneten Windpfeile zeigen, dass die Luft aus dem barometrischen Maximum nach allen Seiten hinausströmt: Hannover hat Westwind, Paris Ostwind, Shields Südwest, Hamburg Nordwest. Der vom Centrum des barometrischen Maximums nach allen Richtungen hin erfolgende Lufttransport bedingt aber eine Ergänzung der fortgeführten Luftmassen und diese kann unzweifelhaft nur von der Höhe her erfolgen; die Luft muss also in abwärts gerichteter Bewegung begriffen sein.

Die Windstärke, in üblicher Weise durch die Anzahl der an die

Windpfeile gezeichneten Federn angegeben, ist im barometrischen Maximum und dessen weiterer Umgebung gering, wächst aber mit der Annäherung an das Gebiet niedrigen Luftdruckes im Nordosten beträchtlich, wie Christiansund zeigt, wo, durch vier und eine halbe Pfeilfeder bezeichnet, die Windstärke 9, also voller Sturm aus West herrscht.

Der Lufttransport ist also nach dieser Seite hin ein sehr energischer, daher auch der Luftverbrauch ein beträchtlicher; rückwirkend wird dies zur Folge haben, dass der niedersinkende Luftstrom im barometrischen Maximum, welcher den Luftverbrauch zu ersetzen hat, eine relativ beträchtliche Geschwindigkeit annehmen muss, um diese seine Aufgabe zu erfüllen.

Der Himmel ist, wie unser Kärtchen lehrt, im Gebiete des Maximums fast überall noch völlig bedeckt, nur an dem nordöstlichen Rande desselben beginnt Aufklaren.

Unsere zweite Figur giebt uns Aufschluss über die Wetterlage am Abend desselben Tages: es zeigt sich, dass das Gebiet hohen Luftdruckes, soweit es durch die Isobare für 775 mm umrandet ist, fast keine Aenderung im Laufe des Tages erfahren und dass sich das barometrische Maximum unter Abrundung seiner östlichen Begrenzung weiter nach Ost und Südost ausgedehnt hat. Die Winde wehen jetzt auf verhältnissmässig nahe benachbarten Gebieten in entgegengesetzten Richtungen: Magdeburg hat Westwind, Münster Ostwind; das zwischen beiden Orten gelegene Hannover meldet Windstille, ebenso das südlich davon liegende Kassel. Die Luft, welche in Münster aus Ost, in Magdeburg aus West herbeiströmt, ist in dem Zwischengebiete, in welchem keine horizontale Luftströmung herrscht, herniedergesunken. Am Westrande des Maximums wehen Ost- und Südost-, am Ostrande allgemein West- bis Nordwestwinde, während sich zwischen beiden ein windstiller Streifen, auf unserem Kärtchen durch die Stationen Borkum, Hannover, Kassel, Bamberg und Prag bezeichnet, in der Richtung der Längsaxe des barometrischen Maximums von Nordwest nach Südost hinzieht. Das Depressionsgebiet im Nordosten hat sich etwas nach Südost verschoben, ohne, soweit es die Karte erkennen lässt, seine Tiefe zu ändern. Die allgemeine Vertheilung und die Unterschiede des Luftdruckes haben daher keine wesentliche Aenderung erfahren, weshalb auch der stürmische Westwind in Christiansund andauert. Das Aufklaren des Himmels hat sich auf den ganzen Ostrand des barometrischen Maximums, sowie auf die windstille Zone innerhalb desselben ausgebreitet.

Figur 2.

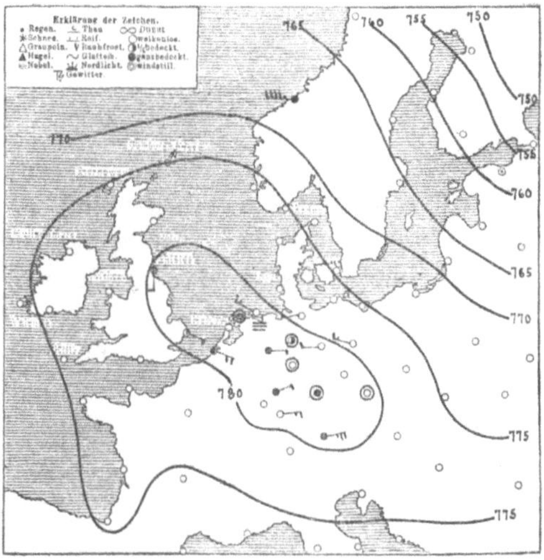

4. Februar 1896. 8 p.

Ein wesentlich anderes Bild zeigt uns die dritte Figur, entsprechend dem 4. Februar morgens 8 Uhr. Das Gebiet hohen Luftdruckes, umschlossen durch die Isobare für 775 mm, hat zwar seinen Umfang wenig verändert, indem es sich in südlicher Richtung bis über Corsica und Mittel-Italien hin ausgedehnt und dabei ebensoviel Raum an seinem Nordwestrande verloren hat, aber das geschlossene barometrische Maximum mit Barometerständen von mehr als 780 mm ist in eine Anzahl kleinerer Kerne höchsten Luftdruckes zerfallen, deren umfangreichster über Mitteldeutschland und Böhmen liegt, während kleinere bei Hamburg, über dem Kanal und über Oberitalien erkennbar sind. Mit anderen Worten bedeutet dies, dass der starke Luftverlust, wie er durch das barometrische Minimum im Nordosten des Erdtheiles unterhalten wurde — Christiansund hat noch immer stürmischen Westwind von der Stärke 8 — nicht mehr von der im barometrischen Maximum niedersinkenden Luft gedeckt werden kann, sodass das Barometer allgemein zu fallen beginnt, und nur noch an denjenigen Stellen, an welchen das Niedersinken der Luft am lebhaftesten erfolgt, den Betrag von 780 mm überschreitet. Wir müssen deshalb annehmen, dass jetzt, während bisher diese Abwärtsbewegung der Luft in breiterem, ausgedehnterem Strome stattfand, dieselbe sich auf einen kleineren Querschnitt einengt, dafür aber vielleicht an Geschwindigkeit wächst. Die Winde wehen durchaus „anticyklonal", d. h. in dem einer „Anticyklone" oder einem barometrischen Maximum entsprechenden Sinne. Die Bewölkung hat scheinbar grade in den Kernen des Maximums zugenommen; doch ist dies, wie das mehreren Stationen beigefügte Symbol für Nebel (≡) erkennen lässt, offenbar nur durch eine hochreichende Nebeldecke hervorgerufen, welche sich während der Nacht ausgebildet hat, da unsere Abendkarte (Fig. 2) noch nirgends, ausser an der Küste, Nebel zeigte.

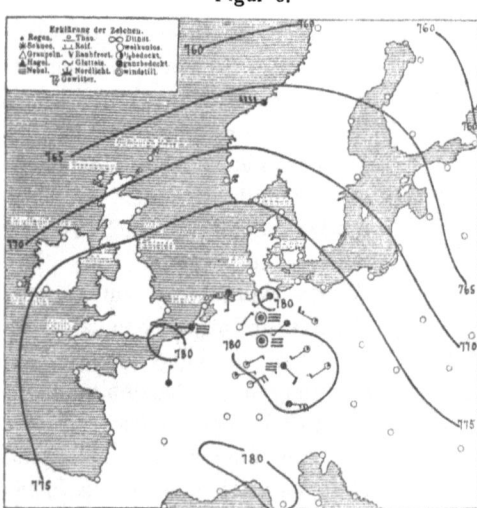

Figur 3.

4. Februar 1896. 8 a.

Die Luftdruck-Unterschiede haben nach dem Nordosten zu abgenommen, doch lässt der noch immer andauernde stürmische Westwind in Christiansund das Herannahen einer neuen Depression von Norden her vermuthen.

Figur 4 zeigt denn auch, dass am 5. Februar morgens thatsächlich eine neue und erheblich tiefere Depression über Nord-Skandinavien erschienen ist, welche nicht nur in Christiansund, sondern im ganzen nördlichen Europa starke bis stürmische Westwinde hervorruft und ihren Einfluss auch bis nach Norddeutschland ausgedehnt hat, wo die Winde aufzufrischen beginnen. Allenthalben ist der Himmel trübe, nur im südöstlichen Theile des zu einem Rücken hohen Luftdruckes ohne ausgeprägte Kerne umgewandelten barometrischen Maximums fehlt die Bewölkung bei Nebel und annoch windstillem Wetter.

Die Isobare für 780 mm ist gänzlich aus der Karte verschwunden und das Gebiet mit Barometerständen von mehr als 775 mm ist von Nord und Süd her beträchtlich zusammengeschrumpft. Die dem Gebiete niedrigen Druckes zugewandten Isobaren, welche bis dahin einen nach Nordost zu konvex gekrümmten Verlauf gehabt hatten, erstreckten sich nun gradlinig von West nach Ost und so konnte der Lufttransport in breitem Strome und in einer der allgemeinen Luftbewegung der höheren Atmosphärenschichten entsprechenden Richtung erfolgen. Man hat aber Grund anzunehmen, dass die Luftzufuhr aus dem barometrischen Maximum in solchem Falle schon in grösseren Höhen und in weit mächtigeren Schichten erfolgt, um den gesteigerten Luftverbrauch zu decken und dass an Stelle der hier und da, in mehr oder weniger steiler Richtung niedersinkenden Ströme ein allgemeines Abwärtsfliessen der Luft auf wenig geneigter Bahn stattfindet.

Figur 4.

5. Februar 1896. 7 a.

Damit fällt aber auch die Voraussetzung, dass hier weder Wärmezufuhr noch Wärmeentziehung stattfinde.

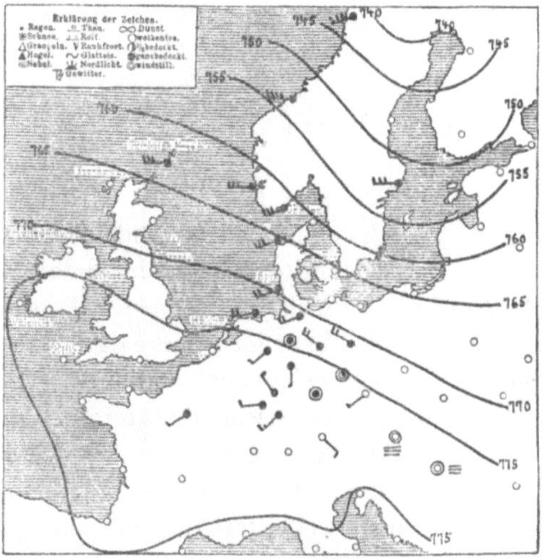

Wir hatten im Vorigen wiederholt auf die Lage der thatsächlichen „Kerne" des Maximums hinzuweisen, um den erforderlichen Nachweis für das Vorhandensein eines niedersinkenden Luftstromes über den unserer Untersuchung unterworfenen Gebieten bringen zu können.

Der kleine Massstab der Figuren 1 bis 4, sowie die weite Entfernung der für die Seewarte berichtenden Stationen von einander bedingt die Beschränkung, Isobaren nur für je 5 mm Druckunterschied zu ziehen. Es ist deshalb in den beiden folgenden Figuren 5 und 6 ein eng umgrenztes, nur unser Untersuchungsfeld umfassendes Gebiet in der Weise kartographisch dargestellt worden, dass man an der Hand der dichter gesäten Stationen des Königlichen Meteorologischen Instituts Isobaren von 1 zu 1 mm entwarf und sich so über die wirkliche Lage der „Kerne" eingehender unterrichten konnte. Da die Beobachtungstermine des Meteorologischen Instituts auf die Zeiten 7^a, 2^p und 9^p und zwar nach mittlerer Ortszeit fallen, so liegen dieselben am Morgen eine Stunde früher und am Abend ebensoviel später als die entsprechenden Beobachtungen der Seewarte und deshalb sind die an denselben ermittelten Werthe mit denen der Figuren 1 bis 4 nicht unmittelbar vergleichbar.

Unsere Figur 5 zeigt uns folgendes Bild für den Termin 9 Uhr abends am 3. Februar, also, nach dem Eingangs gegebenen Berichte des Brockenbeobachters, am Anfange der Temperaturzunahme.

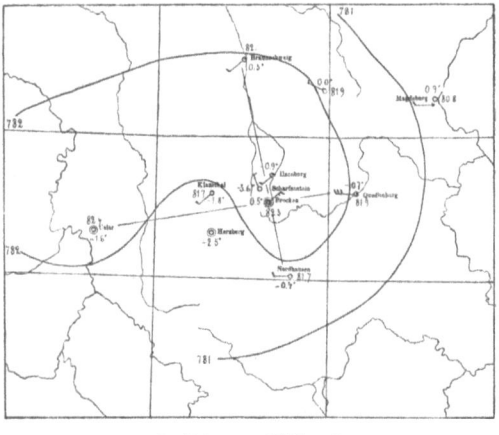

Figur 5.

3. Februar 1896. 9 p.

In dem barometrischen Maximum der Seewartenkarte lässt sich innerhalb der Isobaren für 780 mm noch ein Gebiet mit Barometerständen von mehr als 781 mm und in diesem ein noch engeres mit solchen von mehr als 782 mm umgrenzen. Letzteres zeigte sich an der Hand der in Uslar, Nordhausen, Quedlinburg, Helmstedt, Braunschweig, Klausthal und auf dem Brocken*) selbst ausgeführten, unter Berücksichtigung der besonderen Temperaturverhältnisse auf das Meeresniveau reducirten Barometer-Beobachtungen mit voller Schärfe, wenn schon nicht verkannt werden darf, dass die Reduction auf den Meeresspiegel bei hochgelegenen Stationen viel Missliches besitzt. Die höchsten Luftdruckwerthe wiesen Uslar und der Brocken auf; nach West zu schien sich die Isobare für 782 mm noch weiter fortzusetzen. Da der Wind auf dem Brocken, wenn auch schwach, aus Nordost wehte, so muss man annehmen, dass nördlich von dieser Station der Luftdruck noch etwas höher gewesen, sowie dass der niedersinkende Luftstrom auf schräger, aber stark geneigter Bahn angekommen ist.

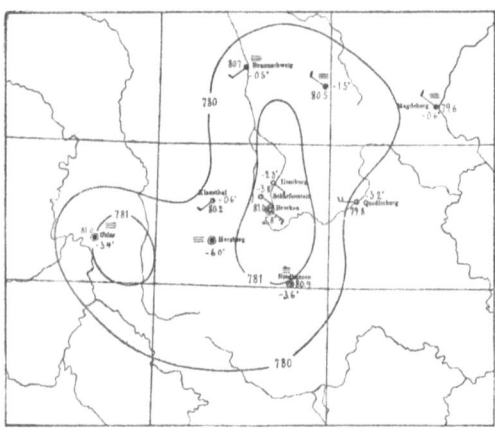

Figur 6.

4. Februar 1896. 7 a.

Die an den Rändern des Harzgebirges beobachteten Winde folgen zwar im allgemeinen in Bezug auf ihre Richtung der anticyklonalen Luftdruck-Vertheilung, wie sie unsere Figur aufweist, zeigen jedoch, wo diese Richtung mit derjenigen des nächtlichen Bergwindes zusammenfällt, wie in Quedlin-

---

*) Die Barometerbeobachtungen von Ilsenburg mussten gänzlich unberücksichtigt gelassen werden, da dieselben mit bedeutenden Fehlern behaftet waren.

burg, eine beträchtliche Verstärkung. Die Bewölkung ist fast überall gering, oder fehlt gänzlich; Nebel wurde nirgends beobachtet.

Figur 6 zeigt die analogen Verhältnisse des nächsten Morgens, des 4. Februar um 7 Uhr. Zwar ist der Luftdruck überall um mehr als 1 mm gefallen, sodass die Isobare für 782 mm verschwunden ist, aber ein wohl abgeschlossener Kern von 781 mm ist unmittelbar über dem Brockengebiete erkennbar, während ein zweiter kleinerer von derselben Höhe bei Uslar liegt. Die schon in der allgemeinen Wetterkarte (No. 3) des 4. Februar erkennbare Zerfällung des barometrischen Maximums in mehrere getrennte Kerne zeigt sich auch hier in voller Deutlichkeit.

Am ganzen Brockengebirge ist der Wind südöstlich geworden, was auf die Lage noch etwas höheren Luftdruckes nach Ost zu hinweist; doch konnte das Centrum nur in kurzer Entfernung liegen, da Quedlinburg schon mässigen Westwind hatte. Der Brocken und die eigentlichen Gebirgsstationen hatten heiteren Himmel, während an den Rändern des Harzes und über der Niederung Nebel herrschte, welcher den Himmel verhüllte. Der Brocken und die höheren Harzberge überragten also zu dieser Zeit die tiefer liegende Nebeldecke.

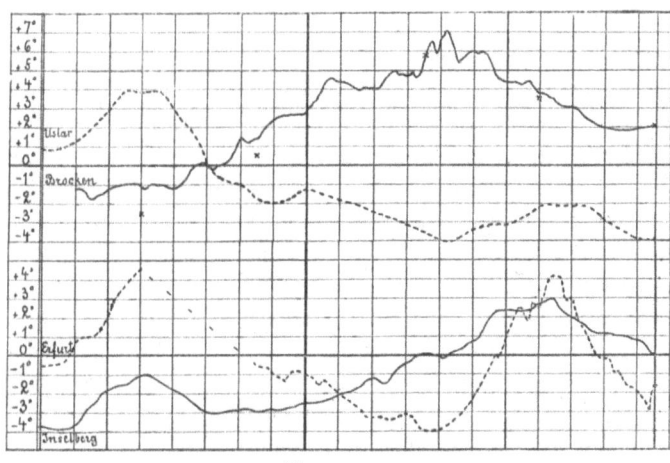

Figur 7.

Barogramme.

Thermogramme.

Um aber über den Gang des Luftdruckes, dessen genaue Kenntniss in unserem Falle von einer principiellen Bedeutung ist, möglichst in's Klare zu kommen, wurden in Fig. 7 die Aufzeichnungen der Richard'schen Barographen an den Stationen Uslar, Celle und Brocken für die Zeit des Vorüberganges des barometrischen Maximums wiedergegeben; Uslar liegt etwa 65 km westsüdwestlich und Celle etwa 95 km westnordwestlich vom Brocken, ersteres in einer Seehöhe von 173 m, letzteres von 40 m.

Der Gang des Luftdruckes, wie ihn die Barogramme darstellen, zeigt folgende Eigenthümlichkeiten. Von 8 bis 12 Uhr vormittags am 3. Februar steigt bei den Stationen der Niederung das Barometer schnell, in Uslar um 3, in Celle um 2,5 mm und sinkt ebenso um ein Geringes in der Zeit von 12 bis 3 Uhr, was wohl als eine Aeusserung der bekannten täglichen Periode des Luftdruckes anzusprechen sein dürfte. Auf dem Brocken steigt während derselben Zeit das Barometer nur um 1,7 mm, steigt dann aber, ohne ein der täglichen Periode zuzuschreibendes Fallen aufzuweisen, fast gleichmässig weiter bis Mitternacht. Es ist charakteristisch dass sich die Tagesperiode des Luftdruckes, welche ein Minimum in den ersten Nachmittagsstunden aufweist, auf dem Brocken, sowie auf dem zum Vergleiche herangezogenen Inselberge (914 m Höhe) kaum als eine kleine Verzögerung im Ansteigen des Barometers erkennen lässt, während auch in der Basisstation zum Inselberge, in Erfurt, die Tagesperiode deutlich ausgeprägt ist.

In Uslar wurde der höchste Luftdruck schon gegen 7 Uhr abends am 3. Februar erreicht, während dies in Celle erst zwischen 10 und 11 Uhr nachts und auf dem Brocken zwischen 12 und 4 Uhr nachts eintrat.

Bemerkenswerth ist der von den Niederungs-Barogrammen wesentlich abweichende Verlauf der Barometerkurve vom Brocken, welche erheblich flacher gestaltet ist, und zu einer Zeit, als in der Ebene der Luftdruck schon abzunehmen begann, noch fast unverändert erscheint. Da die Schwere einer Luftmenge von der Temperatur derselben nicht unbeträchtlich beeinflusst wird, so muss man annehmen, dass dieser Theil des Barogramms die Spuren der auf dem Brocken eingetretenen abnormen Erwärmung der Luft trägt; die Kurve würde, wenn die normale Temperatur während der Nacht vom 3. zum 4. Februar geherrscht hätte, — nach Analogie der Nacht vom 4. zum 5. Februar also etwa -5^0 statt $+4^0$, — eine nicht unbeträchtliche Einsenkung gezeigt haben. Das bekanntermassen auf Berggipfeln stärker entwickelte nächtliche Minimum des Luftdrucks wäre demnach auch hier deutlich zu erkennen gewesen, wenn es nicht durch die abnorme Erwärmung verdeckt worden wäre. In weniger ausgeprägter Form, aber immerhin noch deutlich erkennbar, zeigt auch das zum Vergleich herbeigezogene Barogramm vom Inselberge einen ähnlichen Verlauf, welcher bei den aus der Niederung stammenden Kurven überall fehlt. Doch darf nicht unerwähnt bleiben, dass die Aufzeichnungen der im Gebrauch befindlichen Aneroidbarographen, welche gegen den Einfluss der Temperatur nicht kompensirt sind, nicht in aller Schärfe als korrekt gelten dürfen. Für solche Fälle würden die Registrirungen Sprung-Fuess'scher Laufgewichts-Barographen, welche von diesem Fehler frei sind, als äusserst wünschenswerth zu erachten sein.

Das Sinken des Luftdruckes erfolgt, wie die Barogramme lehren, an den Stationen der Niederung, vornehmlich in Celle, um mehrere Stunden früher und auch erheblich schneller, als auf dem Brocken, entsprechend der aus der Figur 4 ersichtlichen Verlagerung des barometrischen Maximums nach Süden.

Aus den Erörterungen und Darstellungen der Luftdruckverhältnisse ergiebt sich die Thatsache, dass ein Gebiet höchsten Barometerstandes mit wechselnder Lage seiner Kerne, von Nordwest her kommend, am 3. und 4. Februar über das Brockengebiet und seine Umgebung hinweggeschritten ist.

Sehen wir uns nun die unmittelbaren Wirkungen dieser Luftdruckvertheilung näher an, so finden wir Folgendes:

Die ebenfalls auf Figur 7 wiedergegebenen Aufzeichnungen der beiden selbstregistrirenden Thermometer, Thermographen von Richard frères, welche auf dem Brocken und in Uslar in Thätigkeit waren, zeigen fast in ihrem ganzen Verlaufe einen direkt entgegengesetzten Verlauf. Während in Uslar*) am Vormittage des 3. Februar bei aufklarendem Wetter die Temperatur um 3^0 steigt, bleibt dieselbe auf dem Brocken, wo ebenfalls heiterer Himmel herrscht, fast unverändert; nach 3 Uhr sinkt in Uslar die Temperatur schnell, während auf dem Brocken von 4 Uhr ab ein ebenso schnelles, durch kurze Pausen unterbrochenes Steigen der Temperatur beginnt, welches nun während der ganzen Nacht und bis zum Morgen des 4. Februar andauert, wo der höchste Stand mit $6,2^0$ kurz nach 8 Uhr erreicht wird, zu einer Zeit also, wo die Wärmewirkung der Sonne noch nicht in Frage kommt; gleichzeitig erreicht die Temperatur in Uslar ihren tiefsten Stand mit $-4,0^0$. Zu dieser Zeit betrug also der Temperatur-Ueberschuss des Brockens über Uslar volle $10,2^0$. Von der Ausserordentlichkeit dieser Thatsache erhält man aber erst ein rechtes Bild, wenn man sich vergegenwärtigt, dass der Brocken unter normalen Verhältnissen, bei welchen die Temperatur mit der Höhe um $0,5^0$ auf 100 m Erhebung abnimmt, eine Temperatur von $-8,9^0$ hätte haben müssen, wenn man Uslar mit -4^0 und einen Höhenunterschied von 975 m zu Grunde legt. Man muss sich mithin vergegenwärtigen, dass der Brocken, streng genommen, zu jener Zeit um $15,1^0$ zu warm war!

Nun beginnt in Uslar unter dem Einflusse der höher kommenden Sonne die Temperatur langsam zu steigen, während dieselbe auf dem Brocken, obwohl bei wolkenlosem Himmel kräftige Insolation herrscht, bis zum Mittagstermine um etwa 3^0 sinkt. Auch jetzt ist der Brocken noch um $5,6^0$ wärmer als Uslar, d. h. unter der Berücksichtigung der normalen Temperatur-Abnahme mit der Höhe um $10,5^0$ zu warm.

Bis zum Abendtermine wird es nun zwar auf dem Brocken, ebenso wie in Uslar, um 2^0 kälter, aber die abnorme Temperaturvertheilung ist noch nicht verschwunden, da um 9^p Uslar -4.0^0, der Brocken aber $+2.0^0$ aufweist, d. h. der Brocken ist noch immer um $10,9^0$ zu warm. Erst von Mitternacht an begann auf dem Brocken, wie aus dem hier nicht wiedergegebenen Theile des Thermogramms ersichtlich ist, die Temperatur

---

*) Der Thermograph in Uslar wies eine Standkorrektion von -3^0 auf, welche an der Hand der Terminsablesungen berücksichtigt worden ist. Die Abweichungen des Brocken-Thermographen von den direkten Ablesungen sind durch eingetragene Kreuze ($\times$) kenntlich gemacht.

schneller zu sinken, während sich dieselbe in Uslar nur noch um 1°, bis — 5° im Minimum erniedrigte, und gegen Morgen bis auf — 2° anstieg, als sich der bis dahin wolkenlose Himmel bedeckte. Auf dem Brocken wurde um Mitternacht 0° um 4ᵃ — 1°, um 6ᵃ — 3°, um 7ᵃ aber — 7,2° registrirt: der Himmel hatte sich schnell mit dichten Wolken bedeckt, welche den Berggipfel bald völlig einhüllten; der am Abend schon aufgefrischte und nach SW gedrehte Wind war zum steifen WNW geworden. Jetzt betrug der Temperatur-Unterschied im normalen Sinne zwischen Uslar (173 m Höhe) mit — 2,2° und dem Brocken (1148 m Höhe) — 7,2° volle 5°, d. h. die Temperatur nahm auf die Höhenstufe von 100 m um 0,51° ab.

Die Vergleichung der Stationen Uslar und Brocken wurde im Vorstehenden aus dem Grunde ausführlicher vorgenommen, weil Uslar in 65 km Entfernung vom Brocken und um etwa 40 km vom westlichen Rande des Harzgebirges entfernt liegt, und deshalb dem direkten Einflusse des Gebirges selbst entrückt ist.

Um die örtliche Ausbreitung des Phänomens der Temperatur-Umkehrung erkennen zu können, ist es erforderlich, noch einige weitere Zusammenstellungen mit benachbarten Stationen zu geben. Auf der Linie Uslar-Brocken befindet sich, hart am Rande des westlichen Gebirgs-Abhanges, die Station Herzberg, deren Temperaturgang zunächst erörtert werden soll.

	Höhe über N. i. m	3. Februar						4. Februar						5. Februar					
		7a		2p		9p		7a		2p		9p		7a		2p		9p	
		Temp.	Bewölk.	Temp.	Bew.	Temp.	Bew.	Temp.	Bewölk.	Temp.	Bew.	Temp.	Bew.	Temp.	Bewölk.	Temp.	Bewölk.	Temp.	Bewölk.
Brocken	1148	—4.3	2	—2.5	3	0.5	2	5.8	1	3.6	0	2.0	0	—7.2	8≡	—3.7	10≡	—2.4	10≡
Herzberg	245	0.5	10	2.5	5	—2.5	0	—6.0	10≡	2.0	0	—3.0	0	—3.0	10≡	—0.5	10	0.6	10
Nordhaus.	219	0.2	1	3.2	1	—0.4	0	—3.6	2≡	—1.2	0≡	—3.0	0	—1.7	10≡	—0.1	10	1.0	10
Quedlinb.	132	1.8	5	4.6	3	—0.7	5	—3.2	5	5.1	5	—1.2	7	—0.2	5	3.2	10	4.3	10
Ilsenburg	280	1.1	4	2.9	4	—0.9	2	—2.3	0	3.9	2	—0.1	2	—1.1	8	1.3	6	1.9	8
Scharfenst.	615	—1.8	10	2.0	3	—3.6	1	—3.8	2	5.0	1	6.2	1	—4.0	10≡	—2.0	10≡	—0.6	10≡
Klausthal	592	—1.6	10	0.1	6	—1.8	1	—0.6	5	5.6	1	1.6	0	—4.8	10≡	—2.6	10≡	—1.0	10≡
Braunsch.	83	1.7	10≡	2.8	3	0.3	2	—0.5	10≡	4.0	1	1.1	0	—0.3	10≡	2.1	10≡	2.9	10
Magdeburg	54	1.9	10	3.7	6	0.9	0	—0.6	10≡	2.0	2	—1.4	0	—0.3	10	2.1	10	2.6	10

Wie aus der vorstehenden Tabelle, welche die Temperaturen und Bewölkungsverhältnisse (0 bedeutet wolkenlosen, 10 völlig bedeckten Himmel) aller in Frage kommenden Stationen enthält, hervorgeht, sehen wir nun, dass zwischen Herzberg und dem Brocken ebenfalls während der Zeit von 9 Uhr abends am 3. bis 9 Uhr abends am 4. Februar eine Temperatur-Umkehrung von erheblichem Betrage stattgefunden hat. Am Morgen des 4. Februar war dieselbe so beträchtlich, dass, wie nachfolgende kleine Tabelle lehrt, die Zunahme der Temperatur mit der Höhe 1,31° auf 100 m Erhebung betrug:

	3. Februar			4. Februar			5. Februar.		
Aenderung pro 100 m Erhebung zwischen Herzberg und Brocken	7ᵃ	2p	9p	7ᵃ	2p	9p	7ᵃ	2p	9p
	—0.53°	—0.55°	+0.33°	+1.31°	+0.17°	+0.55°	—0.46°	—0.46°	—0.33°

Hierbei bezeichnet das Vorzeichen — eine Abnahme, + eine Zunahme der Temperatur mit der Höhe. Zugleich bemerken wir, wie die Temperatur am Fusse des Westharzes ganz erheblich tiefer gesunken ist, als in grösserer Entfernung vom Gebirge.

Betrachten wir noch die entsprechenden Werthe an zwei weiteren, am Süd- und am Ostfusse des Harzes liegenden Stationen, Nordhausen und Quedlinburg, im Vergleich mit dem Brocken, an der Hand der obigen Zusammenstellung, so bemerken wir Folgendes:

Im Allgemeinen verhielt sich der Temperaturgang an den südlichen und östlichen Randstationen nicht wesentlich abweichend von dem des Westrandes; nur trat die Umkehrung der Temperatur überall in erheblich geringerem Grade auf, anscheinend dadurch veranlasst, dass die untersten Luftschichten bei weitem nicht zu den tiefen Temperaturen von Herzberg erkalteten. Die Temperaturabnahme mit der Höhe war, wie aus der folgenden Tabelle erkennbar,

Aenderung der Temperatur pro 100 m Höhe	3. Februar			4. Februar			5. Februar		
	7ª	2p	9p	7ª	2p	9p	7ª	2p	9p
zwischen Nordhausen und Brocken	−0.48°	−0.61°	+0.10°	+1.0°	+0.52°	+0.54°	−0.60°	−0.40°	−0.37°
zwischen Quedlinburg und Brocken	−0.60°	−0.70°	+0.11°	+0.88°	−0.14°	+0.31°	−0.69°	−0.68°	−0.66°

zwischen Quedlinburg und dem Brocken allgemein etwas bedeutender als zwischen Nordhausen und dem Brocken, veranlasst durch die überhaupt etwas höhere Temperatur von Quedlinburg; umgekehrt war denn auch während der Zeit der Zunahme der Temperatur die Differenz zwischen dieser Station und dem Brocken nicht unbeträchtlich kleiner, als am Südrande des Gebirges.

Eine ganz auffallende Abweichung aber bot die Temperaturvertheilung am Mittagstermine des 4. Februar dar, wo Quedlinburg +5,1° meldet, während in Nordhausen −1,2° beobachtet wurde. Quedlinburg hatte dabei heiteren Himmel, in Nordhausen war derselbe sogar wolkenlos, aber eine Nebelschicht scheint an letzterem Orte zur Folge gehabt zu haben, dass die Sonnenwirkung erheblich abgeschwächt wurde

Am Nordrande des Gebirges ist die Station Ilsenburg wegen ihrer Lage in dem engen Ilsethale nicht eigentlich als „Gebirgsrand-Station" zu bezeichnen und ist auch aus diesem Grunde nicht recht geeignet, als sogenannte Basisstation zum Brocken zu dienen. Mangels einer solchen, deren Errichtung in der freien Niederung, vielleicht in Drübeck oder Altenrode für die eingehende Verwerthung der Brockenbeobachtungen von grosser Bedeutung sein würde, sowie wegen der geringen horizontalen Entfernung Ilsenburgs vom Brocken, welche nur 7,7 km beträgt, sollen die Temperaturverhältnisse dieser Station in Verbindung mit der etwa auf halbem Wege (3,7 km vom Brocken entfernt) gelegenen Station Scharfenstein betrachtet werden. Für die richtige Beurtheilung der meteorologischen Verhältnisse von Scharfenstein ist es von Wichtigkeit zu wissen, dass diese Station in einer Hochmulde von 615 m Seehöhe, also etwa auf der halben Höhe des Brockens liegt.

Aus der Tabelle auf S. 22 ergeben sich die gleichzeitigen Temperaturen, welche zeigen, dass während der Perioden normaler Temperaturvertheilung in Scharfenstein die seiner Höhe entsprechenden Temperaturen herrschen. Während der Zeit der Temperatur-Umkehrung aber wächst der Unterschied gegen die Brockentemperatur zu einer sonst nirgends erreichten Grösse an. Wie folgende Tabelle zeigt, herrschte am 4. Februar morgens eine Temperatur-Zunahme von 1,8° auf 100 m Höhenunterschied zwischen Scharfenstein und Brocken, während sich für Ilsenburg nur der halbe Werth ergiebt:

Temperatur-Aenderung für 100 m Höhenunterschied	3. Februar			4. Februar			5. Februar		
	7ª	2p	9p	7ª	2p	9p	7ª	2p	9p
zwischen Ilsenburg und Brocken	−0.37°	−0.62°	+0.16°	+0.93°	−0.03°	+0.22°	−0.70°	−0.28°	−0.06°
zwischen Scharfenstein und Brocken	−0.47°	−0.84°	+0.77°	+1.80°	−0.26°	−0.79°	−0.60°	−0.32°	−0.34°

Man muss deshalb annehmen, dass in Scharfenstein eine durch die Oertlichkeit bedingte abnorme Abkühlung eingetreten war.

Aehnlich, aber in geringerem Betrage lagen die Verhältnisse zwischen den drei in Frage stehenden Stationen am Abend des 3. Februar, wo Scharfenstein ebenfalls erheblich zu kalt erscheint. Anders dagegen am Abend des 4. Februar: Scharfenstein hat jetzt eine um 6,1° höhere Temperatur als Ilsenburg und eine um 4,2° höhere als der Brocken. Es fand demnach zwischen Ilsenburg und Scharfenstein eine ebenso ausserordentliche Temperatur-Umkehrung statt — entsprechend einer Temperatur-Zunahme von +1,82° auf 100 m Höhe — wie am Morgen zwischen Scharfenstein und Brocken; dagegen reichte diese Erscheinung jetzt nicht mehr über Scharfenstein hinaus, denn oberhalb dieser Station nahm die Temperatur wieder ab. Um diese Zeit war Scharfenstein der weitaus wärmste Ort am Harze in allen Höhen und es spricht die eingangs erwähnte Meldung aus Plessenburg, in einer nur wenig abweichenden Höhe und nur gegen 5 km entfernt gelegen, für die Thatsächlichkeit dieser abendlichen Temperatur-Steigerung bei fast wolkenlosem Himmel. Wir haben es hier höchst wahrscheinlich mit einer ächten Föhn-Erscheinung zu thun, wie wir später noch näher erörtern werden.

Es erübrigt nunmehr, um unser Bild von der Temperaturvertheilung am Harze zu vervollständigen, nur noch die Vergleichung der Beobachtungen von Klausthal mit denen des Brockens. Klausthal liegt auf einem dem Brockengebirge im Westen vorgelagerten Hochplateau in 592 m Höhe über dem Meeresspiegel; die örtlichen Verhältnisse sind daher denen von Scharfenstein direkt entgegengesetzt.

Temperatur-Aenderung für 100 m Höhenunterschied	3. Februar			4. Februar			5. Februar		
	7ª	2p	9p	7ª	2p	9p	7ª	2p	9p
zwischen Klausthal und Brocken	−0.49°	−0.43°	+0.42°	+1.14°	−0.36°	+0.08°	−0.43°	−0.20°	−0.25°

Die Tabelle zeigt, dass die Temperatur-Unterschiede, abgesehen von der Zeit der stärksten Entwickelung der Umkehrung, keinerlei Zeichen besonderer örtlicher Erkaltungen aufweisen.

Die Temperaturen, welche an den Stationen der benachbarten Niederung, in Braunschweig und Magdeburg beobachtet worden sind, zeigen keine Spur von jenem Vorgange, welcher im Harzgebirge die thermischen Verhältnisse in so ausserordentlicher Weise auf den Kopf stellte.

Fassen wir nun, um die zum eingehenden Studium dienenden Einzeldaten zu einem übersichtlichen Bilde zu vereinigen, den zeitlichen Verlauf der Witterung am Harze in Gestalt einer Beschreibung zusammen, wobei auch einiger nicht unwichtiger, bisher noch unerwähnter Nebenerscheinungen gedacht werden soll.

Dabei nehmen wir eine Darstellung der vertikalen Vertheilung der Temperatur zur Hülfe, wie sie sich bei derartigen Untersuchungen als sehr zweckmässig erweist und besonders auch von Herrn von Bezold empfohlen wird. Zeichnet man nämlich die Temperaturbeobachtungen aus verschiedenen Höhen in der Weise auf, dass man die Höhen in ihrer natürlichen Folge über einander, die Temperaturen aber auf einer horizontalen Grundlinie, und zwar die Werthe unter dem Gefrierpunkte links, diejenigen über demselben rechts von einer vertikalen Linie einträgt, so erhält man durch die Schnittpunkte der Höhen mit den zugehörigen Temperaturen ein Bild von der vertikalen Anordnung der Temperatur, deren Eigenthümlichkeiten durch Verbindungslinien zwischen den zusammengehörigen Schnittpunkten unmittelbar erkennbar werden. Wählt man, wie bei unseren Darstellungen in den Figuren 8 bis 13 und 17 bis 19 geschehen, für das Höhenintervall von 100 m denselben Werth wie für 1° C., dann giebt die Diagonale durch ein solches Quadrat den theoretischen Grenzwerth der sogenannten „adiabatischen" Temperatur-Abnahme, nämlich 1° auf 100 m Höhe, wieder, d. h. jene Verhältnisse, wie man sie vor sich hätte, wenn die Luft ohne Wärmezufuhr und ohne Wärmeentziehung aufstiege oder herabsänke. Eine aufwärts geführte, nach links geneigte Linie bedeutet demnach eine Abnahme, eine nach rechts geneigte eine Zunahme der Temperatur.

Am 3. Februar 1896 rückt ein barometrisches Maximum mit ungewöhnlich hohem, 780 mm vielfach übersteigendem Luftdruck langsam von West heran.

Der Wind ist am Morgen überall ein schwacher NW bis W, nur auf dem Brocken weht er leicht aus Nordost. Nach den Erfahrungen, welche man bei Gelegenheit der neueren, durch Seine Majestät den Kaiser inaugurirten wissenschaftlichen Ballonfahrten gemacht hat, dürfte man wohl nicht fehl gehen, wenn man das hier festgestellte Uebereinanderfliessen zweier verschieden gerichteter Luftströme mit der von H. von Helmholtz aufgestellten Theorie der Wogenbildung und einer durch diesen Vorgang erzeugten geschlossenen Wolkendecke in Verbindung bringt. In der That ist am ganzen Nord- und Westrande des Harzes und dessen umgrenzender Niederung der Himmel mit „Hochnebel" bedeckt, während der

Brocken durch denselben hindurchragt, nicht aber der 914 m hohe Inselberg, welcher in dichtem Nebel steckt.

In interessanter Weise melden nur die am Süd- und Ostabhange des Gebirges liegenden Stationen Nordhausen und Quedlinburg heiteres Wetter, was man als eine Folge des an der „Leeseite" des Gebirges eintretenden „föhnartigen" Niedersinkens der Luft von den vorliegenden Höhen betrachten dürfte, indem die hierbei eintretende, wenn auch nur geringfügige Kompressions-Erwärmung, wie wir Eingangs erörtert haben, zur Auflösung des „Hochnebels" ausreicht. Dass auch in Ilsenburg die Wolkendecke durchbrochen ist, spricht durchaus für die Richtigkeit dieser Erklärung, denn das Ilsethal ist gerade nach West und Nordwest zu durch einen Bergriegel von 2—300 m relativer Höhe gesperrt, sodass eine über diesen herüberwehende Luftströmung um diesen Betrag abwärts sinken muss. Die hier und in Quedlinburg herrschende, für die Höhenlage verhältnissmässig hohe Temperatur, welche der von Magdeburg und Braunschweig nahe kommt, spricht gleichfalls für diese Ursache.

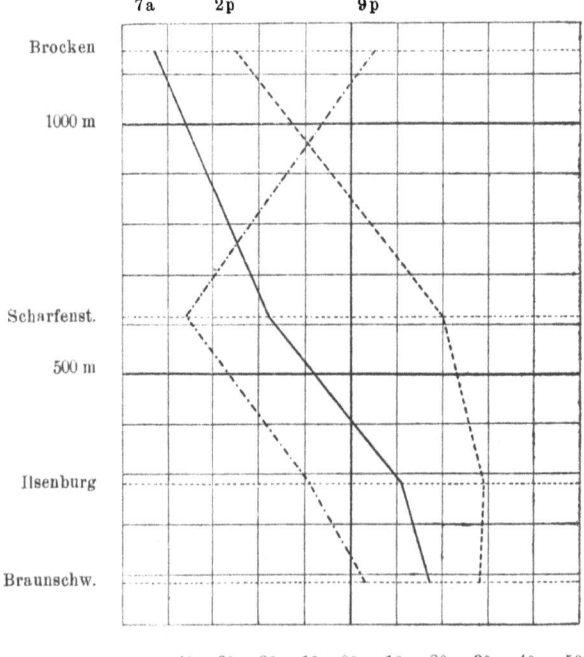

Figur 8.
Temperaturvertheilung am Nordabhange des Harzes am 3. Februar 1896.

In unseren Diagrammen erscheint dieser Temperaturüberschuss in äusserst anschaulicher Weise. Die in Fig. 8 für den Nordabhang um 7 Uhr morgens*) gezeichnete Kurve zeigt bei Ilsenburg einen nach rechts gehenden Knick, welcher Ilsenburg als zu warm erkennen lässt. Am Süd- und Ostabhange auf Fig. 10 erscheint Quedlinburg gegen Nordhausen erheblich zu warm, was sich vielleicht dadurch erklärt, dass Nordhausen dem eigentlichen Gebirgsrande schon ferner liegt. Am Westabhange findet sich, wie Fig. 9 zeigt, kaum eine Spur einer derartigen Erscheinung.

Nicht weniger sprechen hierfür die zu dieser Zeit beobachteten Werthe der relativen Feuchtigkeit: während die Stationen der Niederung 93 bis

---

*) In den Figuren 8 bis 13 und 17 bis 19 sind die Werthe für 7 Uhr morgens (7a) durch eine ausgezogene, für 2 Uhr nachmittags (2p) durch eine gestrichelte und für 9 Uhr abends (9p) durch eine aus Strichen und Punkten bestehende Linie bezeichnet worden.

95 % melden, auch auf dem Brocken 92 % notirt werden, hat Ilsenburg 81 %, Quedlinburg 82 %; im Westen hat Uslar 92 %, Klausthal 98 %. Wir dürfen demnach wohl annehmen, dass am 3. Februar morgens im Lee der vorliegenden Berge „föhnige" Witterungsverhältnisse in den Grenzen, wie sie den relativ geringen Höhenunterschieden entsprechen, geherrscht haben.

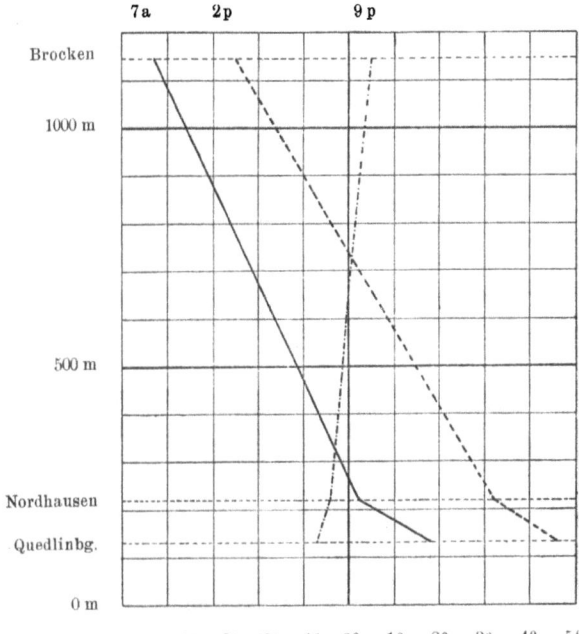

Figur 9.
Temperaturvertheilung am Westabhange des Harzes am 3. Februar 1896.

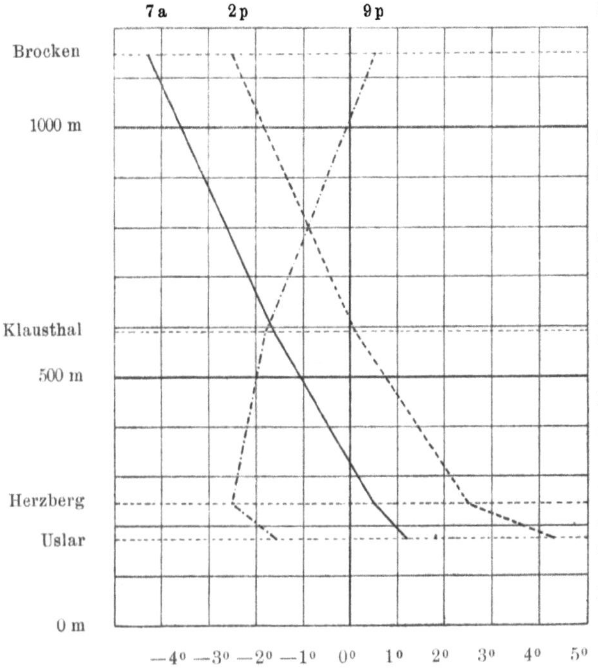

Figur 10.
Temperaturvertheilung am Süd- und Ostabhange des Harzes am 3. Februar 1896.

Mit dem langsamen Näherkommen des barometrischen Maximums geht der Wind auf dem Brocken nach Nord zurück, die Wolkendecke zerreisst überall, auch über der Ebene, und die Temperatur steigt in Folge der Sonnenstrahlung allgemein um 2 bis 3°. Ilsenburg erhöht unter dem fortdauernden Einflusse eines kleinen „Föhnwindes" seine Temperatur trotz des Höhenunterschiedes von 200 m über die von Braunschweig, wie uns die für 2^p gezeichnete Kurve vom 3. Februar (Figur 8) zeigt, während es in Scharfenstein erheblich wärmer geworden ist, was wohl den klimatischen Eigenthümlichkeiten einer Hochmulde bei wenig gestörter Sonnenstrahlung und fast stillem Winde zuzuschreiben sein dürfte. Auf dem Brocken dagegen ist trotz heiteren Himmels die Temperatur bis zum Mittag nur wenig gestiegen; man erkennt aus der Figur 8, wie die zwischen Scharfenstein und Brocken gezogene Linie die Quadrate des Diagramms fast in der Diagonale schneidet, also eine „adiabatische" Temperaturabnahme nahezu erreicht ist. Als Grund hierfür darf man wohl die Thatsache ansehen, dass der Brockengipfel im Anfange des Februar mit einer geschlossenen, zu hohen Dünen zuzammengewehten Schneelage bedeckt war, welche in Scharfenstein in Folge des vorhergegangenen milden Wetters wenn nicht gänzlich verschwunden, so doch an vielen Stellen durchbrochen war. Am Westabhange (Figur 9) ist die Mittagskurve bei Herzberg nach links eingeknickt, ohne dass der Grund hierfür ersichtlich wäre. Doch darf man nicht vergessen, dass die horizontale Entfernung von dieser Station bis Uslar 46 km beträgt, sodass man dieselben keineswegs mehr als „über einander liegend" betrachten darf. Selbstverständlich gilt dieser Vorbehalt auch für alle übrigen Stationen, am wenigsten jedoch für die Gebirgsstationen des Nordabhanges, welche, wie oben erwähnt, nur wenige Kilometer von einander entfernt sind. Auf der Linie Herzberg, Klausthal, Brocken ist die Temperaturabnahme eine ziemlich normale, die entsprechende Linie der Zeichnung läuft der vom Morgen nahezu parallel. Ein Gleiches gilt für den Süd- und Ost-Abhang, obwohl auch hier die horizontalen Entfernungen der beigezogenen Stationen (Nordhausen-Quedlinburg 45, Nordhausen-Brocken 42, Quedlinburg-Brocken 36 km) beträchtlich sind.

Aus der so skizzirten Witterungslage, welche noch nirgends eine Andeutung der unmittelbar bevorstehenden Umwälzung erkennen lässt, entwickelte sich nun schnell das interessante Phänomen, welches unserer Darstellung zu Grunde liegt.

Das barometrische Maximum näherte sich im Laufe des Nachmittages des 3. Februar weiterhin langsam dem Harzgebirge; wie aus unseren Isobarenkarten 2 und 5 erhellt, lag gegen Abend sein Kern nördlich vom Brocken, wahrscheinlich in so geringer Entfernung, dass die aus demselben niedersinkende Luft auf stark geneigter Bahn und deshalb schnell an Höhe verlierend herbeiströmte.

Wie uns das Thermogramm vom Brocken (Figur 7 auf Seite 19) zeigt, begann schon um $4^1/_2$ Uhr bei heiterem Himmel, als schon die Sonne ihrem Untergange nahe war, die Temperatur zu steigen, statt, wie sonst unter dem überwiegenden Einflusse der Ausstrahlung, zu fallen. Der schwache Wind ging wieder nach Nordost zurück und die relative Feuchtigkeit, welche mittags 74% betragen hatte, sank ausserordentlich schnell: um 9 Uhr abends hatte sie den für die Jahres- und Tageszeit ganz ausserordentlichen niedrigen Werth von nur 20% erreicht, während die Lufttemperatur auf $+ 0,5°$ gestiegen war!

Nun konnte kein Zweifel mehr sein über den Ursprung dieser warmen und aussergewöhnlich trockenen Luft! In einer Winternacht auf einem schneebedeckten Berggipfel kann Luft mit solchen Eigenschaften von keiner anderen Stelle herkommen, als aus der Höhe, indem sie, in verhältnissmässig schnellem Strome niedersinkend, nahezu „adiabatisch" ihre volle Kompressionswärme und in Folge dieser ihre ungewöhnlich geringe relative Feuchtigkeit erhält.

Leider fehlt uns jeder Anhalt darüber, welche horizontale Erstreckung dieses Gebiet niedersinkenden Luftstromes gehabt haben kann, da Beobachtungen aus der freien Atmosphäre nicht vorliegen. Die zum Vergleiche herbeigezogenen Registrirungen vom Inselberge (s. Fig. 7 auf Seite 19), welcher 110 km vom Brocken entfernt ist, zeigen, dass um 6 Uhr abends die seit 3 Uhr eingetretene normale Abkühlung trotz aufklarenden Wetters Halt macht und von 10 Uhr abends an in eine langsame, aber stetige Erwärmung übergeht, welche dazu führt, dass es um Mitternacht 0,5° wärmer ist als 6p und um 7 Uhr morgens des 4. Februar um 2,4° wärmer als am vorhergehenden Abendtermine. Man muss deshalb, da auch die relative Feuchtigkeit während der Nacht von 98 % auf 26 % gesunken ist, schliessen, dass auch auf dem Inselberge ein niedersinkender Strom geherrscht hat, wenn auch, was die Temperatursteigerung anlangt, mit erheblich geringeren Wirkungen. Ob aber beide Phänomene unmittelbar mit einander in der Weise zusammenhängen, dass man den Durchmesser des Gebietes energisch absteigender Luft der Entfernung zwischen den beiden Höhenstationen gleichsetzen darf, oder ob eine Verschiebung desselben vom Brocken nach dem Inselberg zu stattgefunden hat, für welche vielleicht die Verspätung der Temperaturzunahme um etwa 6 Stunden sprechen dürfte, lässt sich durchaus nicht ermitteln. Wollte man das letztere als wahrscheinlich annehmen, so müsste man aus dem Grunde einen sehr beträchtlichen Durchmesser des absteigenden Stromes vermuthen, weil die abnorme Erwärmung auf dem Brocken nahezu 24 Stunden lang angehalten hat. Man könnte deshalb ebensowohl das Vorhandensein mehrerer Kerne höchsten Luftdrucks, wie es die Wetterkarte vom 4. Februar warscheinlich macht, annehmen, welche langsame Verlagerungen ausführten.

Die über der Harzgegend aus grösserer Höhe niedersinkende und dabei erwärmte, trockene Luftmasse trifft naturgemäss zuerst den am höchsten in die Atmosphäre hinaufragenden Punkt der Erdoberfläche, den Brocken. Sie befindet sich bis hierher noch gänzlich unter den Bedingungen der freien Atmosphäre, ungestört durch die mannichfachen Einflüsse der Erdoberfläche; sie bringt daher an diesen Punkt alle ihre ursprünglichen Eigenschaften mit. Nun aber beginnt zunächst die Brockenkuppe ihren Einfluss auf dieselben auszuüben; die dort vorhandenen Schneemassen entziehen der Luft einen Theil ihrer Wärme, welchen sie theils zur eigenen Temperatur-Erhöhung, ferner aber zur Schmelzung und Verdunstung des Schnees und Wassers verbrauchen; dabei befördert die ausserordentliche Trockenheit der Luft besonders die Verdunstung in hohem Maasse, sodass die dem Berge anliegenden Schichten sich schnell mit Wasserdampf anreichern. Die starke Wärmeausstrahlung, welche bei heiterem Himmel von einer Schneeoberfläche ausgeht, beschleunigt noch die Abkühlung der nächstliegenden Luftschichten, sodass dieselben, schwerer als ihre Nachbarschichten in grösserer Entfernung vom Bergabhange geworden, nunmehr abwärts zu gleiten beginnen. Mit jedem Schritte abwärts aber vergrössert sich die berührende, ausstrahlende und Wärme entziehende Oberfläche des Gebirges und damit die Abkühlung der nächstliegenden Luftschichten. Da der Process des Niedersinkens warmer, trockener Luft aus der freien Atmosphäre auf den Gipfel fortdauert, wird auch deren Abströmen an den Abhängen fortgesetzt stattfinden, sodass, da alle kältere Luft abfliesst und dem Gipfel stets wärmere von oben her zugeführt wird, die Temperatur-Unterschiede zwischen tieferen und höheren Lagen des Gebirges andauernd anwachsen. Nun sammelt sich die, einem Wasserlauf gleich nach unten strömende kalte Luft in jeder muldenförmigen Vertiefung des Abhanges, indem sie dort einen „See" bildet, welcher allmählich seine Ränder überfluthet; in den Thälern strömt die kalte Luft gleichfalls nach unten und bringt so die eigenthümliche, in unserem Falle besonders ausgeprägte Temperatur-Vertheilung am Gebirge zu Stande, wie sie aus den Figuren 14, 15 und 16 ersichtlich ist.

Zwar erhalten auch die Abhänge des Gebirges niedersinkende, warme Luft, deren Temperatur um so höher sein muss, je weiter sie niedergesunken ist, aber die mit der Berührungsfläche wachsende Wirkung der Wärme-Ausstrahlung und die von oben her an den Abhängen niederrieselnde von früher vorhandene kalte Luft verringert deren Temperatur in höherem Grade, als die Kompression zu liefern vermag.

Betrachten wir nun zunächst unsere graphische Darstellung vom Abend des 3. Februar bei dem Einsetzen des warmen Luftstromes. Figur 8 zeigt uns bei 9^p für den Nordabhang die gewöhnliche Temperatur-Abnahme zwischen Braunschweig, Ilsenburg und Scharfenstein ohne jede Unregelmässigkeit. Dort aber biegt die Kurve jäh ab, um im steilen, fast „adiabatischen" Anstiege nach dem Brocken zu nach rechts umzubiegen. Selbstverständlich liegt es nur an dem Fehlen von Beobachtungen aus grösseren Höhen, dass Scharfenstein hier als Wendepunkt der Kurve erscheint; wahrscheinlich hat um 9 Uhr abends die Grenze der beginnenden Temperaturzunahme der Brockenkuppe noch erheblich näher gelegen.

Am Westabhange hat, wie Figur 9 zeigt, die starke Erkaltung der Luft in Herzberg in den tieferen Schichten eine Art Temperaturumkehrung zu Stande gebracht, welche mit dem dynamischen Vorgange, wie er uns hier beschäftigt, nichts zu thun hat. Betrachtet man nämlich die Aenderungen der Temperatur von einem Beobachtungstermine zum nächstfolgenden an einer und derselben Station, wie solche durch die Länge der horizontalen Verbindungslinien dargestellt werden, so sieht man, dass in Herzberg die Temperatur von 2^p bis 9^p um 5^0, in Klausthal aber nur um $1,9^0$ gesunken ist. Es ist daher weniger eine in Klausthal schon eingetretene Erwärmung, als eine, durch die Lage von Herzberg am Ausgange eines tief eingeschnittenen Gebirgsthales bedingte Abkühlung aus dem Verlaufe dieser Kurve zu schliessen. Denn man darf nicht unbeachtet lassen, dass das oben erörterte Abströmen von Luft, welche an den Gebirgsabhängen durch Ausstrahlung erkaltet ist, in jeder windstillen, klaren Nacht selbst während des Sommers eintritt und bekanntlich mit der Erscheinung des nächtlichen „Bergwindes" verknüpft ist.

Zwischen Klausthal und dem Brocken nahm die Temperatur um 9^p

zwar ebenfalls zu, aber in bedeutend geringerem Grade, als zwischen Scharfenstein und Brocken; der Grund könnte entweder in einer durch die Lage bedingten stärkeren Abkühlung von Scharfenstein gegenüber Klausthal, oder auch in der am Nordabhange des Gebirges früher einsetzenden Temperatur-Umkehrung liegen.

Am Süd- und Ostabhange des Gebirges lagen die Verhältnisse, wie Figur 10 für 9p zeigt, wesentlich anders, da sich zwischen Quedlinburg, Nordhausen und dem Brocken nur eine ganz geringfügige Temperatur-Aenderung, und zwar eine Zunahme mit der Höhe, ergab. Der wesentlichste Grund hierfür lag selbstverständlich in der auf dem Brocken eingetretenen Erwärmung, während das Verhalten der unteren Schichten nicht ohne Weiteres erklärt werden kann. Die Meldung aus Quedlinburg über starken Westwind weist auf das Vorhandensein einer lokalen Störung hin, deren Untersuchung uns hier zu weit führen würde.

In der Nacht vom 3. zum 4. Februar kommt nun das Phänomen der Temperatur-Umkehrung zur vollen Entwickelung. Der Kern des barometrischen Maximums liegt, wie die beiden Isobarenkarten Figur 5 und 6 zeigen, direkt über dem Brockengebirge, oder in nächster Nähe an dessen östlichem Abhange. Der schwache Wind ist auf dem Brocken nach Ostsüdost umgegangen, ebenso in Scharfenstein und Ilsenburg, während er am Westrande des Gebirges als leiser Zug aus Südwest auftritt. In klarer Nacht steigt auf dem Brocken die Temperatur um 5,3° an und die relative Feuchtigkeit sinkt auf den äusserst geringen Werth von 13 %!

Figur 11.
Temperaturvertheilung am Nordabhange des Harzes am 4. Februar 1896.

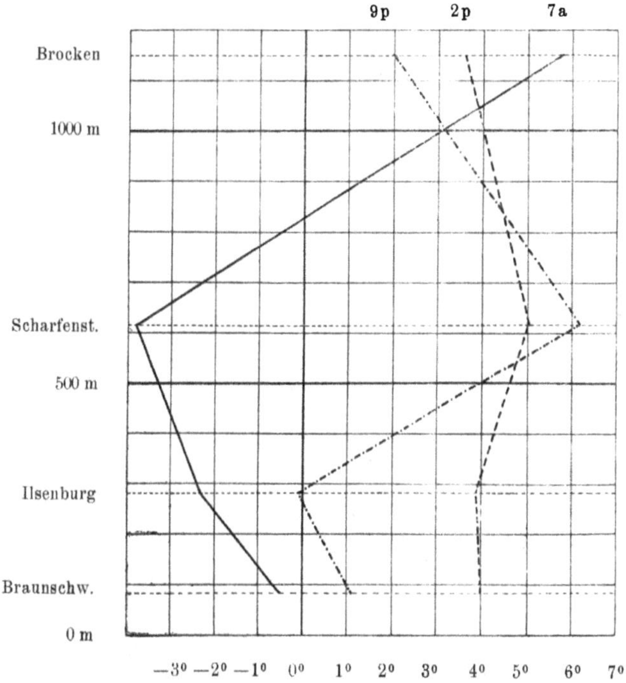

Nun zeigt uns unsere graphische Darstellung auf Figur 11 für den Nordabhang im deutlichsten Bilde, wie zwischen Braunschweig, Ilsenburg und Scharfenstein eine ziemlich normale Abnahme der Temperatur, von da an aber eine ganz gewaltige Zunahme derselben stattgefunden hat. Dass auch in Scharfenstein eine dynamische Erwärmung, wenn auch in geringem Grade, während der Nacht eingetreten ist, verräth sich dadurch, dass dort trotz heiteren Himmels die Temperatur nur um 0,2° gesunken ist. Wir können hierin einen Ausdruck für eine nahezu vollständige Kompensation der beiden einander entgegenwirkenden Vorgänge erblicken, der dynamischen Erwärmung der aus der freien Atmosphäre niedersinkenden Luft gegenüber der energischen Wärme-Ausstrahlung des Erdbodens sammt der in Kontakt mit den Bergabhängen erkalteten abwärts fliessenden, gelegentlich zu einem See angestauten Luft. Würde in Scharfenstein keine dynamische Erwärmung stattgefunden haben, dann wäre die Temperatur, nach der Analogie bei ähnlichen Wetterlagen zu schliessen, auf etwa — 7 oder — 8° gesunken; hätte weder Ausstrahlung an Ort und Stelle, noch ein Abwärtstransport von erkalteter Luft stattgefunden, so wäre, gleiche Intensität des Abwärtssinkens der Luft vorausgesetzt, die auf dem Brockengipfel mit 5,8° temperirte Luft bei einem weiteren Niedersteigen um 533 m noch um weitere 5° erwärmt worden und hätte mit einer Temperatur von 10,8° in Scharfenstein ankommen müs-

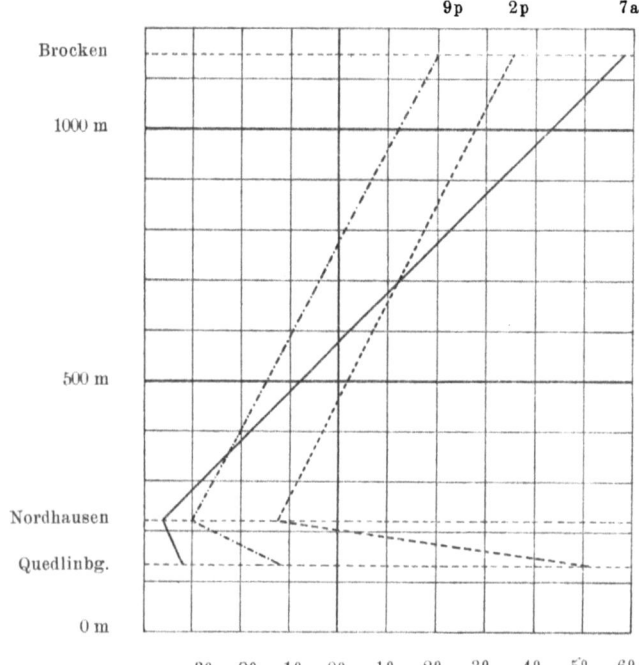

Figur 12.
Temperaturvertheilung am Westabhange des Harzes am 4. Februar 1896.

sen. Selbstverständlich ist diese Rechnung nichts weiter, als eine „Illustrationsprobe" für die Beurtheilung der einschlägigen Verhältnisse.

Am Westabhange hat sich nach Figur 12 die dynamische Erwärmung in Klausthal deutlich geltend gemacht, insofern, als die Temperatur trotz wesentlich heiterer Nacht um 1,2° gestiegen ist; die Lage der Station auf einem plateauartigen Rücken begünstigte wohl die Ausstrahlung, nicht aber das Zuströmen kalter Luft aus höheren Lagen; die Erscheinungen mussten deshalb den auf dem Gipfel beobachteten ähnlicher verlaufen, als an einer Abhangstation, Herzberg dagegen zeigte die Erscheinung der intensiven Erkaltung in Folge von Ausstrahlung und Ansammlung kalter Luft in deutlichster Weise: die Temperatur war während der Nacht um 3,5° gesunken und erreichte am Morgen den Werth von — 6,0°. Uslar dagegen, wo nur die Ausstrahlung in Wirkung trat, nur — 3,4°.

Am Süd- und Ostabhange des Gebirges trat, wie Figur 13 zeigt, um 7ᵃ wenig Charakteristisches hervor; nichts verräth einen Einfluss dynamischer Erwärmung in den tieferen Regionen; in den höheren erscheint er mangels zwischenliegender Stationen auf der Linie Nordhausen - Brocken mit grosser Deutlichkeit, aber sicherlich in irrthümlicher Vertheilung. Zur weiteren Darstellung der abnormen Temperatur-Verhältnisse dieses Zeitabschnittes sollen die Figuren 14, 15 und 16 dienen.

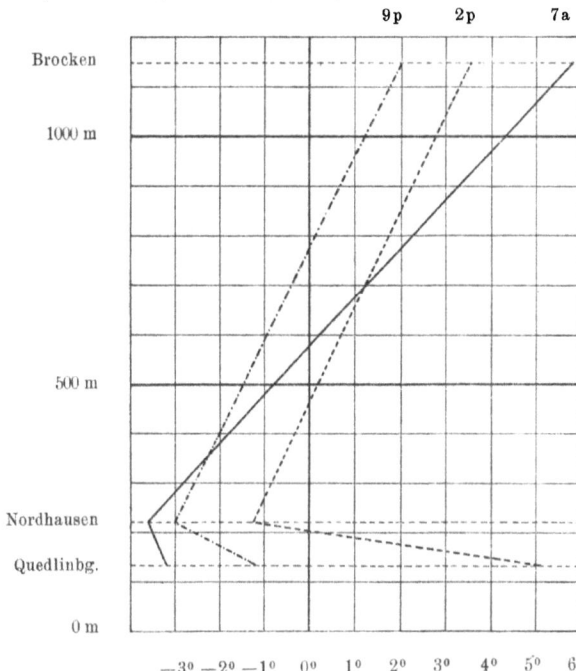

Figur 13.
Temperaturvertheilung am Süd- und Ostabhange des Harzes am 4. Februar 1896.

Die erstere giebt ein Bild der Temperatur-Vertheilung am Harz im horizontalen Sinne in Gestalt von Isothermen; in üblicher Weise sind dieselben für die positiven Werthe ausgezogen, für die unter dem Gefrierpunkt liegenden Grade gestrichelt. Ein Blick auf diese Figur genügt, um die örtlichen Eigenthümlichkeiten, wie sie das Gebirge bedingt, zu erkennen: die Ansammlung

Figur 14.

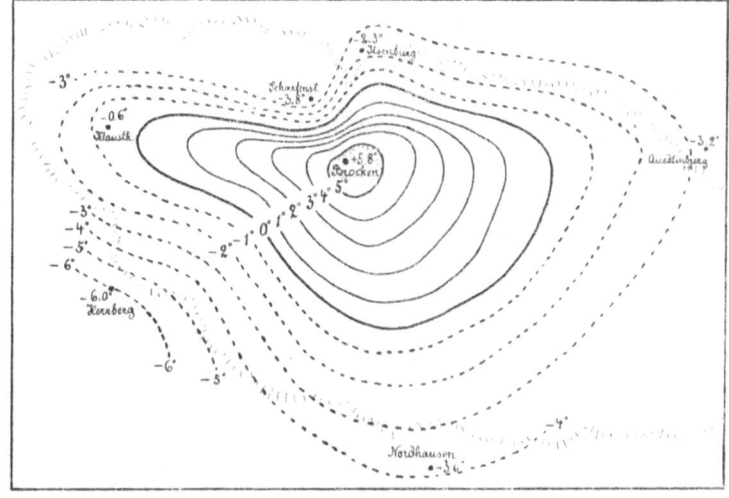

Isothermen vom 4. Februar 1896, morgens 7 Uhr.

kalter Luft an den Rändern und in den Mulden, die dynamische Erwärmung an den höchsten Stationen, mit abnehmender Höhe mehr und mehr durch die entgegenwirkende Bodenausstrahlung überdeckt, tritt deutlich hervor.

Die Figuren 15 und 16 geben zwei Vertikalschnitte durch das Gebirge, entlang der in Figur 5 auf S. 18 gegebenen Linien, mit einer Ueberhöhung von 1:10 wieder. Figur 15 giebt einen Schnitt in der Richtung Uslar, Herzberg, Klausthal, Brocken, Quedlinburg, also in westöstlicher Richtung, Figur 16 in nordsüdlicher zwischen Braunschweig, Ilsenburg, Scharfenstein,

Figur 15.
Isothermenvertheilung am 4. Februar 1896, 7 Uhr morgens.

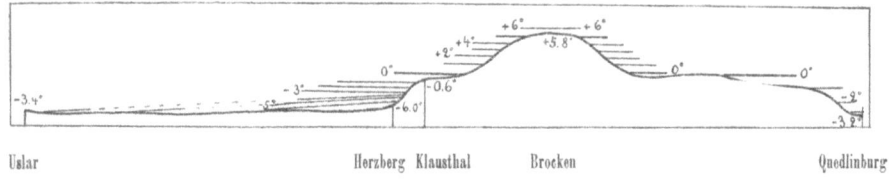

Figur 16.
Temperaturvertheilung am 4. Februar 1896, 7 Uhr morgens.

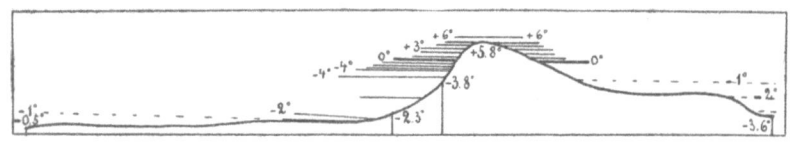

Brocken und Nordhausen. Es ist selbstverständlich, dass bei der geringen Anzahl und der weiten horizontalen Entfernung der Stationen von einander ein streng richtiges Bild der Temperatur-Vertheilung nicht gewonnen werden kann. Um jedoch Willkür möglichst auszuschliessen, wurde auf eine weitere Verfolgung der Isothermflächen in die freie Atmosphäre hinaus gänzlich verzichtet, da wir mangels aller Beobachtungen über dieselben absolut nichts wissen. Die ausserordentliche Zusammendrängung der Isothermflächen im Gebiete des niedersinkenden Stromes und in den Gebieten der stärksten Ausstrahlung und des Zusammenströmens erkalteter Luftmassen geht aus der Darstellung deutlich genug hervor.

Interessant erscheinen noch die Verhältnisse der relativen Feuchtigkeit und die mit denselben zusammenhängenden der Bewölkung am Morgen des 4. Februar. Auf dem Brocken war, wie schon erwähnt wurde, die erstere auf 13°/₀ herabgegangen, ein für die Jahres- und Tageszeit ganz ungewöhnlich niedriger Werth! In der Niederung aber betrug dieselbe allenthalben 100°/₀, d. h. es war volle Sättigung der Luft mit Wasserdampf vorhanden, in deren Folge allenthalben Kondensation eintrat; Uslar, Braunschweig, Helmstedt, Magdeburg, Herzberg und Seesen meldeten Nebel, welcher soweit in die Höhe reichte, dass der Himmel völlig bedeckt erschien. In Folge der klaren Nacht hatte die Bodenausstrahlung die Temperatur der unteren Luftschichten soweit erniedrigt, dass sich der Wasserdampf verdichten musste, trotz des in höheren Schichten unzweifelhaft vorhandenen niedersinkenden warmen und trockenen Luftstromes. Diese Nebelschicht besass aber nur eine geringe Dicke, was daraus hervor geht, dass alle Stationen mit mehr als 200 m Meereshöhe nebelfrei waren, oder doch wenigstens keinen den Himmel verdeckenden Nebel hatten. Nordhausen mit 219 m Höhe scheint dicht unter der oberen Grenze der Nebeldecke gelegen zu haben, da zwar Nebel und 100% relative Feuchtigkeit, aber heiterer Himmel gemeldet wurde. Hiermit stimmt auch die eingangs erwähnte Beobachtung des Brocken-Beobachters, dass der früh die ganze Ebene verhüllende Nebel am Vormittage des 4. Februar verschwunden sei und sich nun eine herrliche Fernsicht entrollt habe. Diese niedrige Lage der Nebeldecke kann uns als ein Zeichen derjenigen Grenzschicht erscheinen, bis zu welcher der niedersinkende Luftstrom die nöthige Wärme und Trockenheit behalten hatte, um die Kondensationsprodukte der Bodenausstrahlung wegzutrocknen.

In Quedlinburg war der Himmel halb bedeckt, was vielleicht wieder als ein Effekt des vom Unterharze niedersinkenden Westwindes aufzufassen ist; Ilsenburg hatte bei leichtem Südostwinde wohl aus demselben Grunde wolkenlosen Himmel und nur 79% relativer Feuchtigkeit, Scharfenstein befand sich oberhalb der Nebelgrenze, da es, wie oben ausgeführt, wohl in das Gebiet der dynamischen Erwärmung einbezogen war, Klausthal endlich ragte ebenfalls über die Nebelgrenze hinaus, erhielt jedoch durch den schwachen Südwestwind wasserdampfreichere Luft aus der nebelbedeckten Niederung heraufgeschoben, welcher die relative Feuchtigkeit auf 86% hielt und einen halbbewölkten Himmel erzeugte.

Während bisher die Verfolgung des Phänomens der dynamischen Erwärmung in der Nacht vom 3. zum 4. Februar keine besonderen Schwierigkeiten darbot, wird dieselbe nun am Tage erheblich unsicherer, da bei wolkenlosem Himmel der Einfluss der Sonnenstrahlung auf die Lufttemperatur und hierdurch auch auf die relative Feuchtigkeit in demselben Sinne wirkt, wie eine dynamische Erwärmung. Denn es bedarf keiner näheren Begründung, dass gerade der Eintritt des Phänomens am Abend und seine Steigerung während der Nacht als sicherster Beweis für den dynamischen Vorgang und für den Ausschluss anderer veranlassender Ursachen gelten muss; liegt am Tage eine Wolken- oder Nebeldecke über den Thälern und der Niederung, während die Berggipfel ungestört Sonnenstrahlung erhalten, deren Wirkung durch die Wärmereflexion an der Wolkenoberfläche noch verstärkt wird, so kann eine Temperatur-Umkehrung ebensowohl eintreten, als wenn bei unveränderter Temperatur der oberen Luftschichten eine intensive Bodenausstrahlung die tieferen Schichten stark erkalten lässt. Das Charakteristische einer „dynamischen" Temperatur-Umkehrung ist, wie Herr Hann wohl zuerst ausgesprochen hat, die wirkliche Zunahme der Temperatur in der Höhe unter Ausschluss anderer Wärmequellen, als der mechanischen Wirkung der Kompression, welche niedersinkende Luft erfährt, indem sie eine Druckzunahme erleidet.

Am 4. Februar verflachte sich das barometrische Maximum so beträchtlich, dass die Isobare für 780 mm schon in den Vormittagsstunden gänzlich verschwand und, soweit es die Seewartenkarte erkennen lässt, der Kern desselben um 2p mit 779 mm Höhe zwischen Kassel, Chemnitz und München lag. Der Wind hatte am Harzgebirge überall eine südliche bis südwestliche Richtung angenommen, blieb jedoch noch überall schwach. Die Temperatur stieg unter dem Einflusse der Sonnenstrahlung fast überall nicht unbeträchtlich an, am stärksten in Quedlinburg, um $8,3^0$ und in Herzberg, um $8,0^0$, am wenigsten in Uslar, $1,4^0$, wo die Nebeldecke der Nacht nicht gewichen und die Temperatur auf $-2,0^0$ geblieben war. Dasselbe Verhalten zeigte auch Nordhausen, wo trotz heiteren Himmels der Nebel bis zum Mittag fortbestand und die Sonnenstrahlung so schwächte, dass die Temperatur um 2p noch um $1,2^0$ unter dem Gefrierpunkte blieb. Uslar und Nordhausen waren die einzigen Stationen in unserm Gebiete, in welchen noch Frost herrschte; auch in Kassel lag Mittags bei Nebel die Temperatur noch unter dem Gefrierpunkte ($-2,2^0$). Nur auf dem Brocken war die Temperatur um $2,2^0$ gefallen.

Am Nordabhange des Harzes war, wie unsere Figur 11 zeigt, eine eigenthümliche Temperaturvertheilung eingetreten: Braunschweig hatte dieselbe Temperatur, wie das 200 m höher gelegene Ilsenburg, Scharfenstein aber, das wiederum 335 m höher liegt als letzteres, war gar um $1,0^0$ wärmer; nach dem Brocken zu nahm die Temperatur nur um $1,4^0$ ab. Unzweifelhaft ist in dieser Vertheilung mit der Höhe eine Anomalie zu erblicken, welche nicht durch Insolationswirkungen ausreichend zu erklären ist. Wir werden deren Erörterung bei der Besprechung der Abendbeobachtungen mit erfolgen lassen.

Der Westabhang erscheint in unserem Diagramm für 2p auf Figur 12 in einem ganz besonders interessanten Bilde: die unter dem Einflusse der fehlenden Insolation in Folge dichten Hochnebels tief gebliebene Temperatur von -2^0 in Uslar schliesst sich an die in derselben Zeit um volle 8^0 angestiegene Herzbergs an und darüber wird es nach dem 347 m höher liegenden Klausthal um weitere $3,6^0$ wärmer. Auf dem Brocken aber ist es nur um 2^0 kälter als in Klausthal, trotz eines Höhenunterschiedes von 556 m. Auch hier zeigt sich also eine Ueberwärmung der mittleren Höhenschichten.

Am Süd- und Ostabhange (Figur 13) fällt zunächst die hohe Temperatur von Quedlinburg auf, welche um $8,3^0$ höher ist als am Morgen; dieselbe dürfte zumal die relative Feuchtigkeit nur $69^0/_0$ betrug und der Südwestwind vom Unterharz nieder wehte, etwas „föhnig" erhöht sein. Durch Herbeiziehung der gleichzeitig sehr niedrig temperirten Station Nordhausen entsteht die verzerrte Kurve starker Temperaturumkehrung. Verbindet man aber Quedlinburg direkt mit dem Brocken, so zeigt sich eine sehr geringe Temperatur-Abnahme, nämlich $1,5^0$.

Am Abendtermin des 4. Februar ist über Centraleuropa das Barometer weiter gefallen, der höchste Luftdruck von 778,5 m findet sich über Sachsen und zwischen Bayern und dem Elsass, wo vielfach Nebel eingetreten ist, während in und am Harzgebirge heiterer Himmel herrscht.

Auf dem Brocken ist es, trotzdem die Temperatur seit dem Mittagstermine um 1,6° gesunken ist, mit + 2,0° noch immer verhältnissmässig für die Jahres- und Tageszeit zu warm; der Himmel ist noch wolkenlos, die relative Feuchtigkeit mit 33% auffallend gering, aber ein an Stärke zunehmender Südwestwind zeigt, dass die Zeit der Luftruhe vorüber ist. In Ilsenburg ist, wie Figur 11 zeigt, die normale Temperaturabnahme gegen Braunschweig eingetreten, aber in Scharfenstein herrscht die ganz auffällig hohe Temperatur von 6,2° bei heiterem Himmel und mässigem Südwinde. Nach dem Brocken zu fällt demnach die Temperatur-Abnahme verhältnissmässig stark aus. Es wiederholt sich hier also die eigenthümliche Erscheinung, welche schon am Mittagstermine hier und in Klausthal beobachtet wurde, dass sich eine abnorm warme Luftschicht zwischen zwei kälteren befindet.

Für die Erklärung dieser Erscheinung am Mittag könnte man annehmen, dass, obwohl das barometrische Maximum nicht mehr mit seinem Kerne über dem Harzgebirge liegt, doch noch ein Niedersinken von Luftmassen, wenn auch auf weniger steiler Bahn stattfinde. Da um die Mittagszeit und bei heiterem Himmel die Wärme-Einstrahlung die Ausstrahlung überwiegt, demnach der Wärmeverlust niedersinkender Luftmassen durch die Ausstrahlung entfällt, könnten jetzt in der That auch tiefere Stationen die unverminderte Kompressionswärme eines niedersinkenden Luftstromes erhalten. Würde Scharfenstein allein diese auffallend hohe Mittagstemperatur zeigen, so hätte man, da die sehr trockene Luft als Südwind über den Brocken herübergestiegen sein musste, an eine Föhnwirkung auch hier denken können; da aber in Klausthal dieselbe Erscheinung in noch höherem Grade, dazu die geringe relative Feuchtigkeit von 56% auftrat, ist diese Erklärung hinfällig.

Die naheliegende Vermuthung, dass der auf dem Brocken in den Frühstunden wirkende niedersinkende Luftstrom erst am Mittag, also nach 7 Stunden, in den nur 500 m tiefer gelegenen Stationen Scharfenstein und Klausthal angekommen sei, muss wohl ausgeschlossen werden, da hieraus eine Vertikalgeschwindigkeit von nur 0,02 m p. sec. folgen würde, ein offenbar zu kleiner Werth, um der Voraussetzung fehlender Wärmezufuhr und Wärmeentziehung zu genügen.

Bei dem Fehlen von Temperatur-Registrirungen könnte allerdings die Möglichkeit nicht in Abrede gestellt werden, dass die dynamische Erwärmung, deren Einsetzen bei beiden Stationen schon am Morgentermine erkannt werden konnte, schon kurz darauf, vielleicht um 9ᵃ einen erheblichen Betrag erreicht habe, welcher eben, durch die Insolation verstärkt, bis zum Mittag andauerte. Unter dieser Annahme würde für die Vertikalgeschwindigkeit der an sich durchaus nicht unwahrscheinliche Werth von etwa 0,1 m p. sec. anzunehmen sein.

Man könnte hier auch die Annahme machen, dass eine verhältnissmässig warme Luftschicht von geringer Mächtigkeit aus Süd hergeströmt sei. Da aber gerade im Süden und Südwesten die Temperatur niedrig und der Himmel mit einer Wolkendecke überzogen war, dürfte man vielleicht vermuthen, dass die Wärme aus einer dicht über den Wolken liegenden Schicht stammte. Wie die neueren Ballonfahrten beweisen, ist die Lufttemperatur unmittelbar über einer geschlossenen Wolkendecke nicht selten um 4 bis 5° höher als in der Wolke selbst, oder auch als in gleichhohen Schichten, welche keine Wolkendecke unter sich haben und deshalb auch keine reflektirte Wärmestrahlung erhalten.

Die Möglichkeit aber, dass eine solche abnorm warme Luftschicht durch Strömungen horizontal verschoben werden und dabei, falls sie nicht aufsteigt, sondern ihre Höhe beibehält oder niedersinkt, ihre Wärme mehr oder weniger bewahren kann, ist gewiss nicht in Abrede zu stellen. Die bei Ballonfahrten so häufig beobachteten verschieden temperirten Luftschichten bei heiterem Himmel könnten leicht derartigen Vorgängen ihre Entstehung verdanken, ohne dass man genöthigt ist, die Quellen der herbeigeführten Wärme in Entfernungen von Hunderten oder gar Tausenden von Kilometern zu suchen.

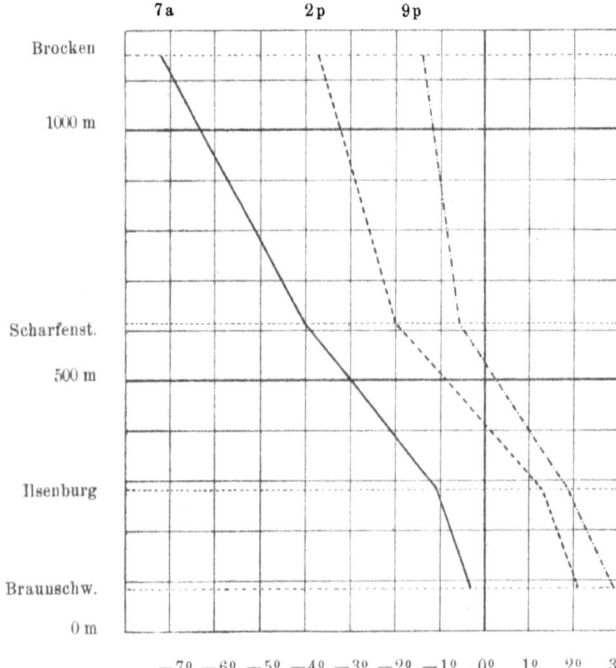

Figur 17.
Temperaturvertheilung am Nordabhange des Harzes am 5. Februar 1896.

Schwieriger noch gestaltet sich ein Erklärungsversuch für die weitere Zunahme der Temperatur bis zum Abend in Scharfenstein, da hier durch die Beobachtung auf der Plessenburg, nach welcher dort um 7 Uhr eine Temperatur von — 1°, um 10 Uhr aber eine solche von + 8° herrschte, die Eintrittszeit der Erwärmung genauer bestimmt werden kann als mittags bei Klausthal. Man wird deshalb nicht umhin können, in derselben eine echte Föhnerscheinung zu erblicken. Die auf dem Brocken noch verhältnissmässig warme und mit 33°/₀ relativer Feuchtigkeit ausserordentlich trockene Luft stürzt sich, als Südwind von der Stärke 4 wehend, um 533 m abwärts nach Scharfenstein und erwärmt sich dabei, von der Ausstrahlung nicht ganz unbeeinflusst, um 4,2°, also um 0,8° auf 100 m Höhenunterschied. Als veranlassende Ursache könnte die in schneller Annäherung begriffene Depression über Nordeuropa, welche am Abend des 4. Februar eine sekundäre Bildung bis nach der mittleren Ostsee vorgeschoben hatte, angesehen werden. Der sich vorbereitende Witterungsumschlag kündigte sich, wie dies in den Alpen oft beobachtet wird, durch das Auftreten kleiner Depressionen am Gebirgsrande an, welche zu plötzlichen böenartigen Fallwinden Veranlassung gaben. Dass im vorliegenden Falle die hohe Temperatur nicht bis nach Ilsenburg hinabreichte, dürfte nicht als ein Gegengrund gegen die Annahme eines Föhns in Scharfenstein anzusehen sein, da ja bekanntlich auch in den Föhngegenden der Alpen durchaus nicht alle Föhne bis in die tieferen Thäler hinabsteigen. Die geringe relative Feuchtigkeit in Ilsenburg, 67 %, zeigt jedenfalls, dass die von Südost kommende Luft sich noch unter Bedingungen befunden hat, welche eine Kondensation des Wasserdampfes nicht beförderten.

Figur 18.
Temperaturvertheilung am Westabhange des Harzes am 5. Februar 1896.

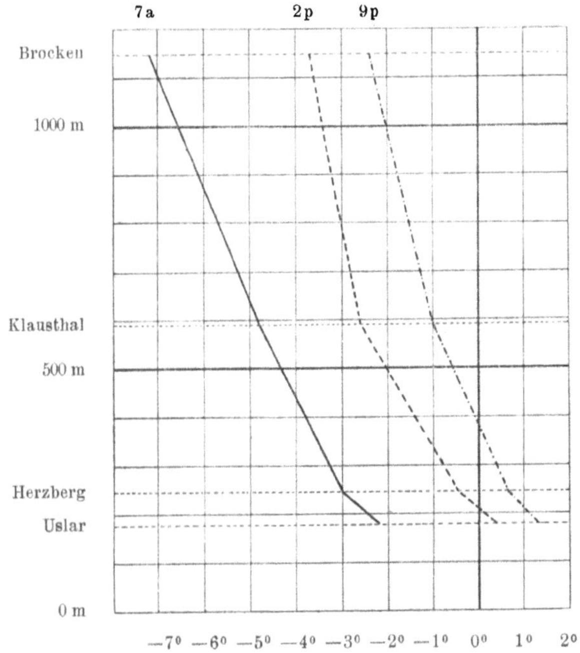

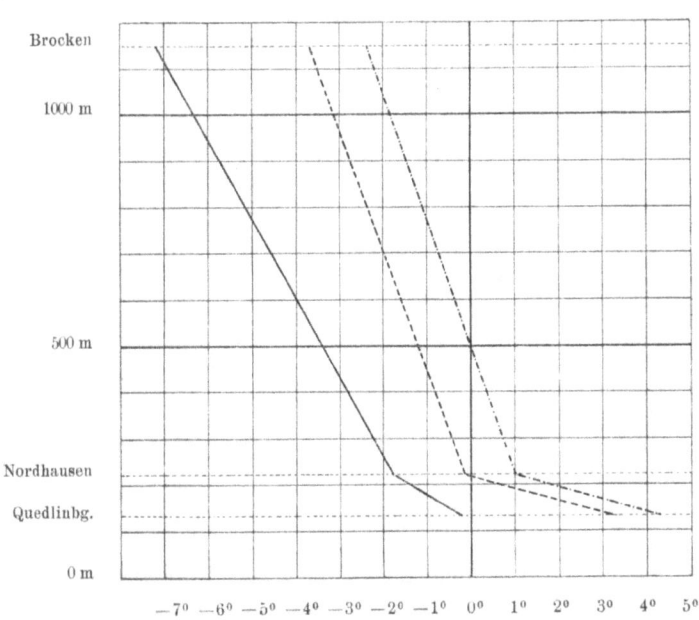

Figur 19.
Temperaturvertheilung am Süd- und Ostabhange des Harzes am 5. Februar 1896.

Am Westabhange (Figur 12) bemerken wir für den Abendtermin des 4. Februar eine ausserordentlich starke Zunahme der Temperatur zwischen Uslar, Herzberg und Klausthal, welche hauptsächlich auf die niedrigen Temperaturen der tiefer gelegenen Stationen zurückzuführen ist, da Klausthal mit 1,6° für die Tageszeit zwar noch ziemlich warm ist, doch aber ein Sinken der Temperatur von 4,0° vom Mittagstermine an erfahren hat. Die niedrige Temperatur in Uslar, wo bei Windstille und Nebel der Himmel noch immer völlig bezogen ist, entspricht den bisherigen tiefen Tagestemperaturen, während in Herzberg bei wolkenlosem Himmel eine energische Abkühlung um 5° seit der Mittagsbeobachtung in Folge starker Ausstrahlung und Zuführung kalter Luft vom Gebirgsabhange her entstanden ist.

Am Süd- und Ostabhange (Figur 13) gleicht die Temperaturvertheilung um 9p fast genau der des Mittags, nur ist Quedlinburg, wo sich der Himmel stark bezogen hat, ganz erheblich kälter geworden.

Der schon am 4. Februar vorbereitete Witterungsumschlag vollzieht sich nun in der Nacht zum 5. Februar äusserst schnell, als die Depression im Nordosten, wie unsere Isobarenkarte auf Figur 4 zeigt, ihren Einfluss auf Nord- und Mitteldeutschland ausdehnt. Auf dem Brocken sinkt von 11 Uhr an die Temperatur ziemlich schnell, von 5 Uhr morgens an rapide, sodass die Terminsablesung um 7ª den Werth von — 7,2° ergiebt. Dabei steckt der Gipfel in den Wolken und die relative Feuchtigkeit beträgt 100%; der Wind ist nach WNW umgegangen und weht steif. Am Tage bleiben diese Verhältnisse fast unverändert bestehen, nur wird der Wind noch etwas stärker und dreht weiter nach NW. Die Temperatur steigt bis zum Mittag um 3,5° und weiter bis zum Abend um 1,3°. An allen Abhängen des Gebirges stellen sich, abgesehen von geringfügigen örtlichen Abweichungen, die normalen, dem „Depressionswetter" eigenthümlichen mässigen Temperaturabnahmen mit der Höhe wieder ein, wie aus dem Verlaufe der hierauf bezüglichen Kurven der Figuren 17, 18 und 19 ersichtlich wird.

Der im Vorstehenden in eingehenderer Untersuchung dargestellte Fall einer Temperatur-Umkehrung am Brocken schliesst sich den analogen, von Dr. Süring bei seinem dortigen, über vier Monate ausgedehnten Aufenthalte im Winter 1893/94 beobachteten, in der Meteorologischen Zeitschrift Band 11, von Seite 337 bis 345 unter dem Titel „Die Anticyklonen des Winters 1893/94 nach Beobachtungen auf dem Brockengipfel" beschriebenen Erscheinungen durchaus an, übertrifft die letzteren jedoch durch den eindeutiger ausgesprochenen Zusammenhang zwischen den Verhältnissen des Luftdrucks unter der Temperatur.

Wenn wir in vorstehender Erörterung den Versuch gemacht haben, die auffallenden Abnormitäten der Temperatur-Vertheilung nahezu ausschliesslich unter dem Gesichtspunkte der „dynamischen" Vorgänge zu deuten, so sind wir uns wohl bewusst, dass seitens einiger Forscher gegen die Richtigkeit dieser Erklärung gewisse Bedenken erhoben werden. Doch konnte es nicht die Aufgabe dieser Gelegenheitsarbeit, welche als kleine Festschrift zur Feier der Einweihung des auf dem Brocken jüngst errichteten Meteorologischen Observatoriums am 31. Mai 1896 zu dienen bestimmt ist, sein, wissenschaftliche Streitfragen zu erörtern; vielmehr liegt derselben der Wunsch zu Grunde, den an dieser Feier theilnehmenden Gönnern und Freunden des Observatoriums und des „Wolkensammlers" Brocken selbst ein Beispiel vorzuführen, welches die Wichtigkeit dieses in Folge seiner Lage und meteorologischen Eigenart fast unvergleichlichen Berggipfels für die Erforschung der Atmosphäre vor Augen führen soll.

Klimatafel für den Brocken.

Nach den in den Jahren 1836 bis 1867 ausgeführten Beobachtungen.

— Auszug aus einer von Dr. G. Hellmann in der „Preussischen Statistik" LIX (1880) gegebenen Zusammenstellung. —

	Januar	Februar	März	April	Mai	Juni	Juli	August	Septbr.	Oktober	Novbr.	Decbr.	Jahr.
Mittlerer Luftdruck in mm	659.7	659.4	659.9	660.5	663.1	664.8	664.8	665.2	665.2	661.8	660.8	661.7	662.2
Mittlere Lufttemperatur in C°	—5.4	—5.0	—3.6	0.7	5.3	8.6	10.7	10.2	8.1	4.0	—1.0	—3.8	2.4
Absolute Extreme der Lufttemperatur Maximum	7.5	7.2	12.0	17.5	25.5	24.0	24.8	24.8	20.6	17.2	15.8	8.2	25.5
Absolute Extreme der Lufttemperatur Minimum	—28.0	—23.1	—21.8	—13.1	—7.9	—4.1	0.5	0.4	—4.1	—11.2	—17.2	—23.6	—28.0
Niederschlagshöhe in mm	143	137	145	118	102	154	176	155	100	107	149	183	1669
Nebelhäufigkeit (Brockenkuppe in den Wolken) 6a	16.4	14.2	16.6	12.8	12.9	13.3	15.0	14.8	14.0	17.3	14.1	15.4	177.0
Nebelhäufigkeit 2p	14.4	11.8	12.6	7.6	7.0	5.8	6.7	7.6	6.2	13.1	12.7	14.9	120.4
Nebelhäufigkeit 10p	15.2	13.1	14.8	10.2	11.2	11.5	12.6	12.2	10.0	14.9	13.2	15.3	154.2
Vorherrschende Windrichtung	SW	W	W,SW	SW	W	W	SW	SW	SW	SW	SW	SW	SW
Mittlere Zahl der Stürme	6.6	5.4	6.4	4.5	2.9	4.9	5.5	6.3	5.7	8.3	7.3	5.9	69.7
Mittlere Zahl der Gewitter (1836—1858)	0.05	0.00	0.15	0.95	2.70	2.95	3.30	2.37	0.50	0.16	0.10	0.00	13.2
Mittlere Zahl der sichtbaren Sonnenaufgänge	8.9	8.2	9.0	12.9	14.2	11.3	11.2	11.6	11.6	6.9	8.2	10.3	124.3
Mittlere Zahl der sichtbaren Sonnenuntergänge	8.3	7.5	7.8	9.9	14.0	3.5	11.1	12.0	11.4	5.3	6.7	9.8	115.3

MIX
Papier aus verantwortungsvollen Quellen
Paper from responsible sources
FSC® C105338

If you have any concerns about our products,
you can contact us on
ProductSafety@springernature.com

In case Publisher is established outside the EU,
the EU authorized representative is:
**Springer Nature Customer Service Center GmbH
Europaplatz 3, 69115 Heidelberg, Germany**

Printed by Libri Plureos GmbH
in Hamburg, Germany